최신 해안수리학

신문섭 저

BIOSCIENCE (주)바이오사이언스출판

저자 약력

신문섭
소속 군산대학교토목공학과
e-mail: seup@kunsan.ac.kr
연구실 063-469-4755

학력 경희대학교 대학원 공학박사
1988~1990: 日本大阪大學 工學部 土木工學科 硏究員
1995~1996: 日本愛媛大學 工學部 土木工學科 訪問硏究
2004~2005: California State University Sacramento, Engineering and Computer Science, Dept. of Civil Engineering, 방문연구

저서
수산토목공학 1988, 경문사
간척공학 1989, 경문사
해안수리학 1995, 동명사
수리학사 1998, 한국수자원학회
해안환경공학 1999, 원기술
해상공사와 Mitigation 2012, (주)바이오사이언스출판

최신 해안수리학

인쇄일 | 2015년 1월 5일
발행일 | 2015년 1월 10일
저 자 | 신문섭
발행처 | (주)바이오사이언스출판
발행인 | 문정구
등록번호 | 제22-3079호
주 소 | 137-060 서울시 서초구 효령로2길 10, 201호(방배동, 호산빌딩)
전 화 | TEL: (02)581-4057~8 FAX: (02)581-4059
이메일 | inquiry@biosciencepub.com
홈페이지 | http://www.biobooks.co.kr
ISBN: 978-89-6824-028-7 93530
값 12,000원

머리말

우리나라는 국토가 협소하고 자원이 부족하지만 해안은 국토의 몇 배나 되는 대륙붕이 잘 발달되어 있다. 특히 간석지가 잘 발달한 서해안에서는 국토확장과 수자원 확보 등 다목적 효과가 있는 대규모 간척 ·매립사업과 항만시설의 확충사업 등은 우리나라 해안공학의 발전에 크게 기여하였다고 본다.

한편 지구온난화와 같은 환경의 변화로 인하여 매년 해수면 수온이 상승하고 있다. 또한 해안 지역에 내습하는 태풍의 강도는 점차 커지고 있고, 태풍에 의한 재해의 위험도도 해마다 증가하고 있다. 그 중 한 예로 2003년 태풍 매미가 내습 시 고조가 발생하여 부산과 마산 지역에 심각한 연안재해를 가져왔다.

이러한 현상을 규명하기 위하여 해안수리 분야에서는 그 기본 원리를 명확하게 하기위한 단계에 이르고 있다. 그러나 하천, 해안, 항만, 수자원, 지하수 등 광범위한 수공학을 다루기 위한 기초지식인 수리학만으로는 해안공학의 발전에 대응할 수 없다고 생각되어 해안수리학을 집필하였다.

이 책은 제1, 2장에서는 유체의 기본적 성질과 파의 이론을 서술하였고, 제3장에서는 연안에서 물질수송, 제4장에서는 조석, 제5장에서는 잔차류를 서술하였다. 본서가 해안공학을 다루기 위한 기초서적으로 활용되어 해안공학발전에 도움이 될 수 있기를 바란다.

끝으로 본서의 출판을 위하여 수고해 주신 ㈜바이오사이언스출판 관계자 여러분들에게 감사드린다.

2015년 1월 2일

저 자

목차

1. 서론

1.1 수리학 및 해안공학의 발달

유체역학의 발달과정은 Newton(1642~1727)역학이 성립된 17세기 말기까지, 그리고 18세기부터 19세기까지는 고전 유체역학의 완성기, 19세기 말부터 현재까지는 근대유체역학의 발전기로 나눌 수 있다.

1.1.1 Newton의 역학의 완성

Aristoteles(B.C. 384~322)의 매질설에 대한 Galilei Galileo(1564~1642)와 Huyghens(1629~1695)의 유체저항에 관한 논의는 Newton에 의해서 관성에 의한 저항과 점성에 의한 저항이라는 것이 명확하게 되었다. Newton의 3법칙, 즉 관성의 법칙, 운동의 법칙, 작용과 반작용의 법칙이 확립된 것은 1687년이다.

1.1.2. 고전유체역학의 완성

18세기에서 19세기 초까지 고전 유체역학의 완성기에는 훌륭한 연구가 많았다. 연구방법으로서는 이상유체(ideal fluid)를 출발점으로 하는 고전유체역학(classical hydrodynamics), 혹은 이론과학(theoretical science)학파와 경험적 사실을 종합한 수리학(hydraulics)학파, 그리고 경험과학(experimental science)학파가 존재하여 19세기 말까지 대립하였다. Euler(1707～1783)가 유체역학체계의 기초를 확립한 이후, d`Alembert(1717～1783)의 이상유체의 연구, Lagrange(1736～1813), Navier(1785～1836), Stokes(1819~1903)에 의한 점성유체의 운동방정식 연구, Helmholtz(1821～1894)와 Kelvin의 와류(vortex)에 관한 연구 등의 공학파가 존재하여 대립해 왔다. 해안수리학 측면에서는 Gerstner에 의한 파의 연구(1802), Stokes의 섭동법(1847), Helmholtz(1888)의 풍파의 이론적 고찰, Lord Kelvin(1868), Darwin(1833)에 의한 조석의 조화분해의 확립 Boussinesq(1891), Korteweg de Vries(1895)의 Cnoidal파 연구, Stokes(1880), Michell(1893)의 소파에 관한 연구, Bernoulli의 정리(1738), Boussinesq의 난류응력(1872) 수행되어졌다.

그리고 19세기 말부터 20세기까지는 위에서 언급한 두 학파 사이에서 비판적 고찰이 전개되어 두 학파를 접목시키려는 노력이 있었고, 이때에 근대 유체역학이 전개되기 시작하였다. 그리고 수리학(Hydraulics)이 Fluid Mechanics 라고 불리워지게 되었다.

1.1.3 근대 유체역학의 발달

19세기 말부터 현재까지 유체역학은 Joukowski(1847～1921)의 등각사상(1910), Prandtl(1875～1953)의 경계층 이론(1904) 및 난류이론(1925), Taylor에 의한 통계이론(1935), Kàrmàn의 와열(渦列) 연구 등이 유체역학의 발전에 큰 공헌을 하였다.

해양학, 해안수리학에 관한 연구는 Nansen의 북극탐험(1893～1896)성과에 의한 Ekman의 spiral의 연구(1905), Stommel의 해양대순환이론(1948)을 비롯해, Havelock(1918)와 Danel(1952)의 쇄파에 관한 연구가 있다. 바람의 발생이론에 관해서는 Jeffreys(1926), Phillips(1957), Miles(1957) 등의 연구

가 있다.

해안·해양공학 분야에서는 제2차 세계대전 이전의 구조물 설계 등에는 주로 경험적으로 이루어졌지만, 제2차 세계대전 이후에는 공학적인 학문체계가 급속히 확립되었다. 이러한 연구의 발달은 자연현상에 대한 인식을 높임과 동시에 각종 해안·해양재해와 개발, 보전 등에 대한 경제적, 사회적 요구에 대처한다는 측면에서도 큰 의의를 가지고 있다.

1.2 유체의 기본적 성질

1.2.1 유체의 물리적 성질

원자와 분자로 불리워지는 미립자로 구성된 물질은, 그 분자 사이의 거리와 운동범위에 의하여 기체(gas), 액체(liquid), 고체(solid)로 나눌 수 있다. 또 역학적 입장에서는 유체(fluid)와 고체로 분류하지만, 유체와 고체의 차이는 명확하지 않다.

기체와 액체, 즉 유체는 작용력이 미소할 경우라도 유체물질 내의 상대위치에 큰 변화가 일어나는 것에 비하여, 고체는 작용력이 일정 한계 내에서는 물질 내의 상대위치가 아주 미소하게 변화하지만, 일정 한계를 넘으면 완전히 변형하는 특성을 지니고 있다.

유체역학은 유체의 균형과 운동의 상태를 탐구하는 학문이지만, 해석적으로는 점성을 고려하지 않는 완전유체(Perfect fluid), 그리고 실제의 유체로서 취급하는 점성유체(viscous fluid)로 크게 구분된다.

또한 유체의 압축성을 무시할 수 있는가의 여부에 따라 압축성(comperssible)유체와 비압축성(incompressible)유체로 구분된다. 유체에 대해 점성과 압축성을 무시한 상태에서 운동을 규명하는 역학을 완전 유체역학이라 한다.

이러한 가정에 대한 유체는 정지하고 있어도, 혹은 운동하고 있어도 유체내의 면에 작용하는 힘은 수직력 뿐이다. 이처럼 이상화된 역학에 의해서도 근사적이기는 하지만 많은 수리현상을 설명할 수 있다.

① 밀도와 단위중량

유체는 분자들의 집합이므로 그 운동을 설명하려면 개개의 분자에 대하여 조사할 필요가 있다. 예를 들면 상온상압에서 공기의 분자는 $1cm^3$내에 2.7×1019개를 포함하고 있다. 이러한 무수한 분자 개개의 운동을 논하는 것과 개개의 운동을 전체로 규정하는 것은 곤란하다. 따라서 거시적인 관점에서 유체의 운동을 논하는 것이다. 즉, 유체를 작은 집단으로 나누어 그 집단의 운동을 규명하는 것이다. 물론, 이 집단도 분자 수가 증감하기 때문에 질량도 증감하지만 어느 시간 내에서의 평균을 생각하여 일정하다고 하는 것이다. 이러한 가상적인 유체의 최소 집단을 유체요소라 하고, 통계적으로는 실제의 유체와 동일한 성질을 갖는다. 이러한 성질을 유체의 연속성이라고 한다. 유체의 연속성을 생각하면 유체의 밀도(density)는 그 물질의 단위체적당 질량이고, 단위체적당 중량은 단위중량(unit weight)이다.

〈예제 1.1〉 어느 유체의 체적(V)이 $2m^3$이고 중량(W)이 2.26t이라면 이 유체의 단위중량 w와 밀도 ρ는 얼마인가?

(풀이) $$w=\frac{W}{V}=\frac{Mg}{V}=\rho g$$

$$\rho=\frac{w}{g}=\frac{M}{V}$$

위 식에 따라 w=1.13t/m^3, ρ=1130/9.8=115.3kg · s^2/m^4. 위 식에서 M은 질량이고, g는 중력가속도이다.

② 압축성

용기에 액체를 넣어 액체가 용기에서 새어나오지 않도록 하고 압력을 가하면, 액체는 압력에 저항하는 성질이 있으므로 액체의 체적은 쉽게 변하지 않는다. 그러나 압력이 큰 경우에는 약간의 변화가 일어난다. 압력의 증분을 dp로 하고, dp에 의해서 체적이 dv만큼 감소했다고 하면 압축률(modulus of compressibility) α와 체적탄성계수(bulk modulus of elasticity) E_v는 다음 식으로 정의 된다.

$$\left.\begin{aligned} \alpha &= (-dv/v)dp \\ E_v &= \frac{1}{a} \end{aligned}\right\}$$

③ 점성

정지 유체 내에 하나의 면을 가상하여 보면, 그 면에 접하고 있는 부분은 서로 수직의 압력을 받아 균형을 이룬다. 유체가 고체벽면에 접하고 있을 때에 유체는 벽면에 대해 수직방향으로 압력이 작용하고, 반대로 벽면은 유체에 대해 같은 크기의 압력을 미친다.

유체가 운동하고 있는 경우는 가상면에 대해 수직방향과 접선방향에 유체력이 작용한다. 그리고 운동하고 있는 유체 중에 고정면이 있으면, 이 면에 접하는 유체입자는 부착하는 성질이 있다. 이와 같은 성질은 생각하고 있는 면에 유체의 상대속도가 있는 경우에 일어나고 있고, 상대속도를 멈추는 작용을 한다.

이와 같이 접선방향에 힘이 생기는 원인을 유체의 점성(viscosity)이라 하고, 단위면적당 힘을 전단응력(shear stress)이라 한다. 〈그림 a〉에서 τ를 전단응력이라 하면 τ는 속도경사(du/dy)에 관계하고 있는 것을 알 수 있다. τ를 일반적으로 표현하면 다음 식으로 된다. 단, u는 유체의 속도이다.

$$\tau = \mu\left(\frac{du}{dy}\right)^m \tag{a}$$

μ는 점성계수(coefficient of viscosity)이다. $m = 1.0$의 경우를 Newton유체라 하고, 이때 식 (a)를 Newton의 마찰법칙이라 한다. $m \neq 1.0$의 경우를 비 Newton유체라 하고, 점성이 큰 유체가 여기에 속한다. 또 μ와 밀도(ρ)의 비율을 $\nu(=\mu/\rho)$로 표시하고 동점성계수(coefficient of kinematic viscosity)라 한다.

$$\mu = \frac{0.017834}{1 + 0.0337t + 0.000221t^2}(g/cm \cdot s)$$

위 식에서 t는 온도이다.

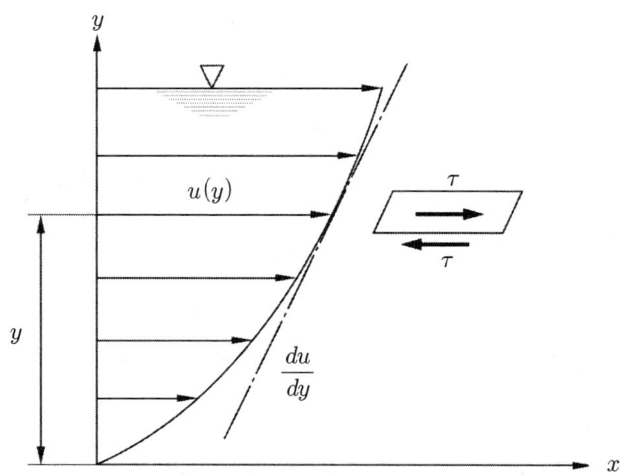

그림(a) 전단응력(shear stress)

④ 표면장력

연잎에 괴어있는 물방울은 둥근 모양을 하고 있다. 이것은 액체분자사이에 작용하는 응집력(cohesion)에 의한 것이다. 또 고체와 액체의 접촉면에는 부착력(adhesion)이 작용하고, 액체가 기체와 접하는 면에는 표면장력(surface tension)이 작용한다.

액체 속에 가는 유리관을 세우면 관내의 액면은 상승하는데 이 현상을 모세관현상(capillary phenomenon)이라한다.

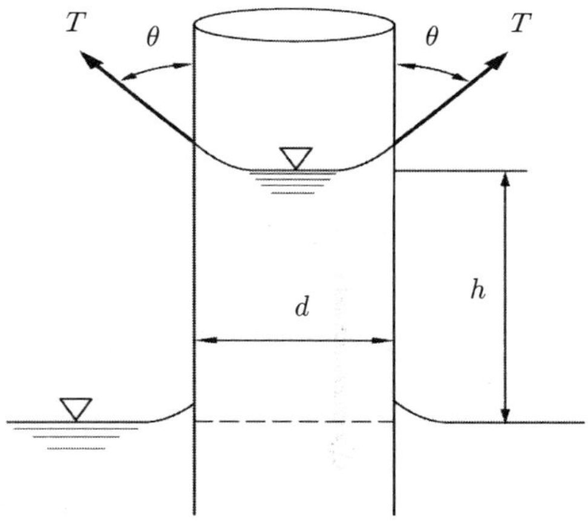

그림(a) 모세관 현상

⑤ 정수압의 성질은 다음의 세 가지이다.

[성질 1] 수압은 면에 대하여 수직으로 작용한다.

[성질 2] 1점에서의 수압은 모든 방향에 대하여 같다.

[성질 3] 수압은 수심에 비례한다. 동일 수면상의 수압은 모두 같다.

단위면적당 작용하는 정수압 p는 kgf/cm^2 또는 $Pa(=N/m^2)$의 단위를 가진다. 어느 면적 전체에 작용하는 수압의 합계를 전수압 P라고 하며 kgf 또는 N뉴톤의 단위로 나타낸다.

$$\left.\begin{array}{l}\text{전수압 } P = p \times A \\ \text{정수압 } p = \dfrac{P}{A}\end{array}\right\}$$

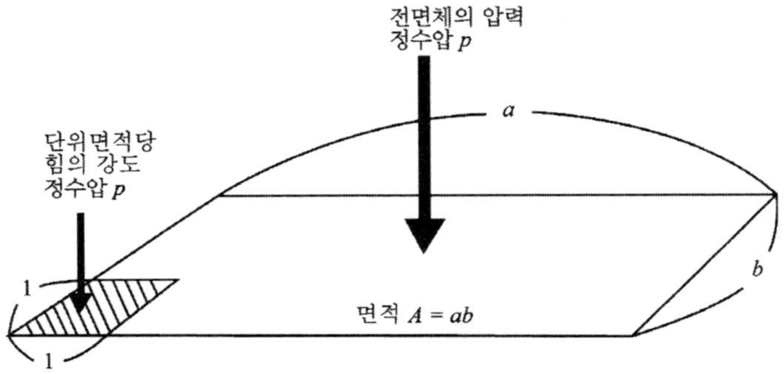

그림 (a) 정수압 p와 전수압 P

⑥ 아르키메데스의 원리

「수중에 있는 물체는 물체에 의해서 배제된 체적의 물중량과 같은 부력을 받는다」 라는 것이 아르키메데스의 원리이다.

〈그림 (a)〉에 나타내는 임의의 형상인 물체가 수면 아래에 있다. 이 물체에는 모든 방향에서 면에 수직으로 수압이 작용하고 있다. 수평방향의 투명면적 A_{x1}, A_{x2}는 어느 방향에서나 수압은 같다. 그러므로 곡면에 작용하는 전수압의 좌우 수평분력의 수압은 서로 상쇄된다. 따라서 남는 수압은 연직 방향 성분이 된다. $EABCF$의 수주의 중량 wV_1이 위쪽으로, $EADCF$의 물기둥 중량 wV_2가 아래쪽으로 작용한다. 따라서 두성분의 차 $wV(=wV_1-wV_2)$가 위쪽으로 작용하는 수압이 된다. 이 힘이 부력이다. 즉, 수심의 차이에 따른 수압의 차가 부력이 되는 것이다. 수중에 있는 물체의 체적을 V, 물의 단위체적중량을 w라고 하면, 부력 B는 다음과 같이 된다.

$$B=(EABCF\text{의 체적})\times w-(EADCF\text{의 체적})\times w$$
$$=wV=\rho gV$$

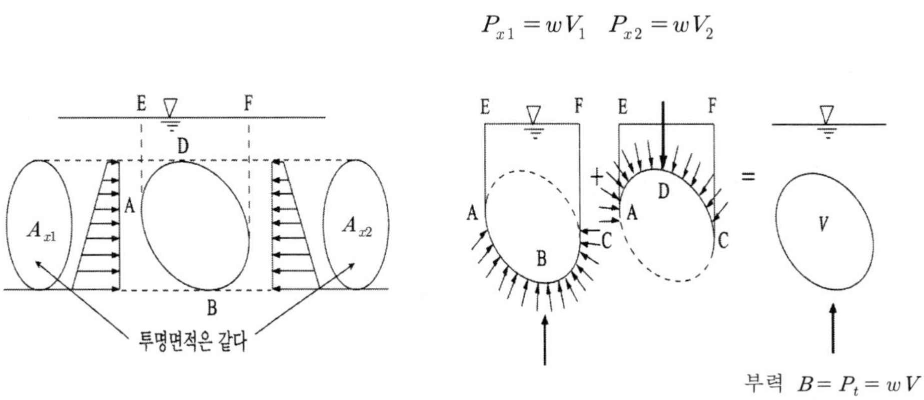

그림 (a) 수중의 물체

⑦ 부력

수면아래에 있는 물체는 그 물체가 배제한 체적의 물의 중량 만큼의 부력을 받고 있다. 부력의 중심 부심 C는 수면 아래의 체적의 중심이다. 어느 물체를 수면 아래에 놓는 순간 물체가 무거운 경우는 가라앉아 버린다. 가라앉으면 수면 아래의 체적이 증대함과 동시에 부력이 커지며, 이윽고 물체의 중량과 균형 잡혀 정지한다. 부력이 물체의 중량과 같아지지 않는 경우는 가라앉아 버린다. 반대로 물체가 가벼운 경우는 떠오른다. 떠오르면 수면아래의 체적이 줄고 부력은 작아지며, 이윽고 물체의 중량과 균형이 잡혀서 물체는 정지한다. 이렇게 선박 등의 부체는 항상 중량 W와 부력 B가 같은 상태를 유지하고 있는 것이다.

〈그림 (a)〉에 나타내듯이 부체가 수면에 닫는 면을 부양면이라 하며 부양면에서 부체의 가장 깊은 점까지의 수심을 흘수라고 한다.

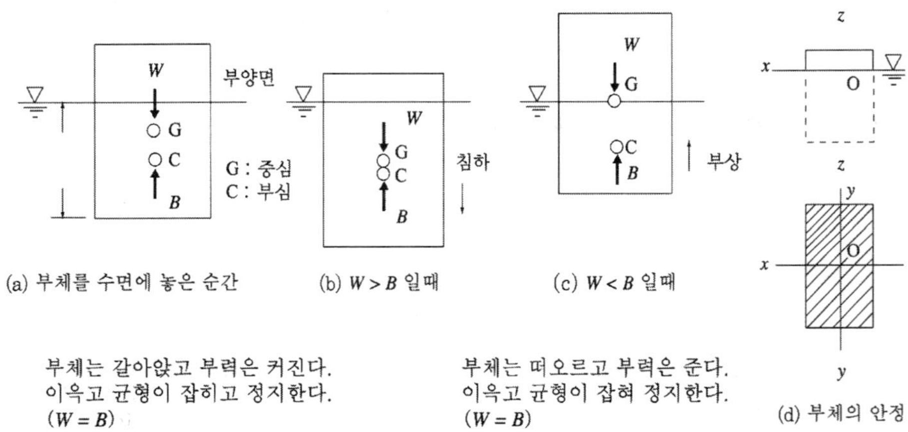

그림 (a) 부체의 균형

⑧ 부체의 안정

부체가 정지상태에 있을 때는, 중량 W와 부력 B는 동일 연직선 상에 있다. 부체가 기울면, 수면 아래의 체적형상이 변하여 부심 C가 C'로 이동한다. 이 때문에 중량 W와 부력 B는 동일면 직선상에서는 없어지고 우력이 작용한다. 이 우력이 부체의 기울기를 원래도 되돌리는 방향으로 작용할 때 복원력이 있다고 하며 이 경우 부체는 안정된다. 우력이 부체를 더욱더 기울도록 작용할 때는 부체는 불안정하다고 한다. 부체가 안정한가 불안정한가의 판단은 다음 식에 의한다.

$$\overline{GM} = \frac{I_y}{V} - \overline{CG} \tag{a}$$

$$\begin{aligned} &\overline{GM} > 0 \text{ 안정 (복원력이 있다)} \\ &\overline{GM} = 0 \text{ 중립 (정지상태)} \\ &\overline{GM} < 0 \text{ 불안정 (점점더 기울어 진다)} \end{aligned} \tag{b}$$

단, $\overline{GM}$: 미터센터 높이

I_y : 부양면의 O_y축 주의의 단면2차 모멘트

V : 수면 아래에 있는 물체의 체적

$\overline{CG}$: 부체가 정지 위치에 있을 때의 부심과 중심과의 거리

부체의 연직 축 z와 부력 B의 작용선의 교점 M(metacenter)을 경심이라고 하며, $\overline{GM}$을 경심고 라고 한다. $\overline{GM}$은 M이 G보다 위일 때, $\overline{CG}$는 G가 C보다 위일 때 정으로 한다. $\overline{GM} \rangle$ 0 일 때 부체에 복원력이 작용하여 안정, $\overline{GM}$=0 일 때 우력이 작용하지 않고 정지상태로서 중립, $\overline{GM}$ 〈 0일 때 우력은 전도 모멘트로 되어 불안정하게 된다.

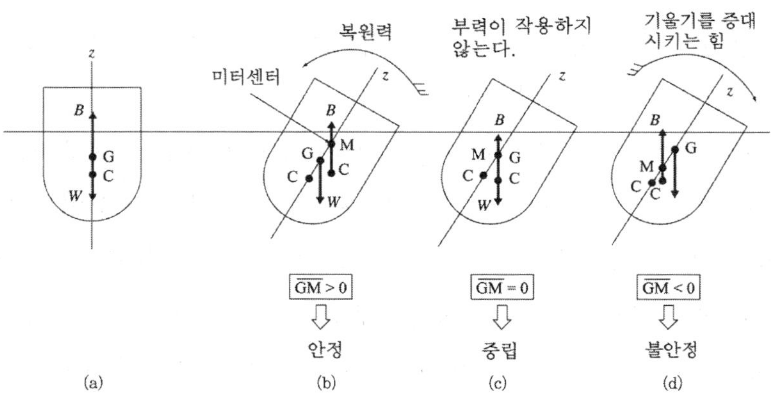

그림 (a) 부체의 안정 조건

(주) 식 (a)에서 알 수 있듯이, I_x, I_y 중 수치가 작은 쪽, 즉 부체 평면의 장축주위의 기울기에 대하여 검토하면 된다.

1.2.2 유체운동의 분류

해양과 하천 등에서 흐르는 물은 어떤 운동을 할까, 혹은 운동은 어떻게 분류하는가에 대하여 예비지식을 갖는 것은 다음 장을 이해하는데 유익하다고 생각된다. 유체의 운동은 여러 형태로 분류되고 있으며, 아직 규명하지 못한 운동도 많이 있다. 여기서는 흐르는 물의 운동을 여러 입장에서 분류하고 간단히 설명하고자 한다.

① 주기성 및 현상에 의한 분류

정상류(steady flow)와 비정상류(unsteady flow)로 분류된다. 또한 정상류는 등류(uniform flow)와 부등류(non-uniform flow)로 분류된다.

(a) **하천 등의 흐름** 정상류는 흐름에서 임의 단면의 수리량(유량, 유속, 수심)이 시간적으로 변화하지 않는 것이고, 그 중에서 등류는 전 단면의 수리량이 일정한 반면, 부등류는 전 단면에서 유량만이 동일하다. 일반적으로 유량이 일정할 때 동일단면 형상의 수로에서 흐름은 등류이지만, 단면형상이 흐름방향으로 변화하는 수로의 흐름은 부등류이다. 비정상류(부정류)는 수리량이 시간적으로, 장소적으로 변화하는 흐름이다. 단, 난류등은 비정상류라고 하지 않는다.

파동과 홍수류 등은 부정류이다. 파동은 유체의 매질을 통해 특정형태가 전파하는 현상이고, 흐름은 유체의 매질을 이동하는 현상이라고 해석할 수 있다. 홍수류는 파동에 흐름 요소가 덧붙여진 것이라고 생각된다.

(b) **해수의 운동** 해수의 운동은 부정류에 가깝다. 그러나 일반적으로 정상류와 파동으로 나누어 볼 수 있다. 정상류의 현상으로서는 해류, 해양 대순환 등이 있고, 파동을 다시 현상면에서 분류하면 조석, 풍파, swell, 정진(靜振), 부진동, 쇄파, 지진파, 고조, 내부파 등으로 나눌 수 있다. 비정상류에 속하는 운동으로는 조류 및 연안부근의 흐름이 있다. 연안부근의 흐름은 해안류와 해빈류로 나눌 수 있고, 해빈류는 다시 향

안류와 이안류, 연안류로 분류된다.

② 유체물성에 의한 분류

유체는 완전유체와 점성유체로 나누어진다. 또한, 압축성의 측면에서 보면 압축성유체와 비압축성유체로 나누어진다. 이들의 분류는 해석상의 문제로서 점성과 압축성의 고려여부에 따른 분류이다. 일반적으로 유체는 기체를 제외하면 비압축성으로 취급되고 있고, 특히 파동은 완전유체로 취급되는 경우가 많다.

③ 흐름 구조물에 의한 분류

흐름의 단면이 자유표면을 가지고 있는 경우를 개수로 흐름(open channel flow)이라 하고, 자유표면을 가지고 있지 않는 경우를 관수로 흐름(pipe flow)이라 한다. 또한 원형단면 형상의 구조물에 흐름이 있어도 단면 내에 물이 가득 차서 흐르지 않으면 개수로라고 한다. 해협 등의 해수의 흐름은 일종의 개수로 흐름이다. 또한 하구부의 조석류는 감조 개수로 흐름이다.

④ 유체질에 의한 분류

유체입자가 등질의 경우를 등질 유체흐름(homogeneous flow)이라하고, 이질물이 혼합되어 있으면 혼상류(poly-phase-flow)라 한다. 또한 밀도차가 있는 경우를 밀도류(density current)라 한다.

⑤ Froude수에 의한 분류

유체의 유속(u)과 파의 전파속도와의 비를 Froude라고 한다. 이 비가 1보다 큰 경우의 흐름을 사류, 1보다 작은 경우의 흐름을 상류라고 한다. 개수로 수심을 h, 중력가속도를 g라 하면 Froude수는 $u/\sqrt{gh}$로 정의된다. 예를 들면 일반 하천의 흐름은 상류(subcritical flow)이고, 댐의 하류부의 흐름은 사류(supercritical flow)이다.

1.2.3 힘과 운동

물체에 힘이 작용하면 멈추고 있던 물체는 움직이고, 움직이고 있는 물체는 속도와 방향이 변화한다. 이와 같이 운동의 상태에 변화를 주는 원인을 힘이라고 정의할 수 있다. 또한 운동의 변화상태 즉, 가속도는 힘에 비례하고 질량에 반비례한다. 이 관계는 Newton에 의해서 발견되었고 우리들의 체험을 통해서 쉽게 이해할 수 있다. Newton의 운동 법칙을 설명하면 다음과 같다.

① **제 1 법칙**: 물체의 정지 또는 운동의 상태는 힘이 작용하지 않는 한 변화하지 않는다. 이것을 관성의 법칙이라고 한다. 그리고 무거운 물체가 빠르게 움직이고 있다는 것은 질량이 크다고 정의할 수 있다. 그리고 속도에 질량을 곱한 것을 운동량이라고 하고 다음 식으로 표시할 수 있다.

$$M = mv, \ (m\text{: 질량}, \ v\text{: 속도}) \tag{1.1}$$

② **제 2 법칙**: 운동량의 변화는 역적에 비례하고 역적은 힘과 그 작용시간을 곱한 값이다. 속도와 힘은 방향을 가진 양이다. 그러므로 운동량과 역적도 방향을 가지며 이것들은 vector량이다.

③ **제 3 법칙**: 모든 작용에는 크기가 같은 반대 방향에 반작용이 있다. A가 B에 힘을 작용시키면 반드시 A는 B로부터 반대 방향으로 크기가 같은 힘의 작용을 받는다. 즉, 질량이 m인 물체가 속도 v로 운동한다면 운동량은 mv로 나타내고, 이것에 F라고 하는 힘이 짧은 시간 δt만큼 작용했다면, 운동량은 $\delta(mv)$만큼 변화한다. 이것을 식으로 표시하면

$$\delta(mv) = A(F \cdot \delta t) \tag{1.2}$$

A는 비례정수이다.

질량 m은 일반적으로 일정하기 때문에, mv의 변화는 v의 변화이고,

$\delta(mv) = m\delta v$ 이다. 따라서 (1.2)식은

$$F = \frac{m}{A} \cdot \frac{\delta v}{\delta t} = \frac{m}{A} a \tag{1.3}$$

여기서 a는 가속도이고 비례정수가 A=1이라고 하면 힘의 단위를 결정하는데 편리하다. 힘의 단위는 CGS계(길이 cm, 질량 g, 시간 sec를 사용하는 단위계)에서는 m=1g의 물체에 힘이 작용하여 a=1cm/s/s의 가속도를 일으키는 힘을 1다인(dyne)이라고 하고 MKS단위계(길이 m, 질량 kg, 시간 sec)에서 m=1kg의 물체에 힘이 작용하여 $a = 1m/s/s$의 가속도를 일으키는 힘을 1 Newton(N) 이라고 정의하면, A=1이 된다. 또한 질량 1g또는 1kg의 물체에 작용하는 중력을 1g중(1$g \cdot w$), 또는 1kg중 등으로 부르고 중력단위라고 한다.

(1.3)식에서 m=1g일 때 F=1$g \cdot w$의 힘이 작용하면 지구 위에서는 a=g(=980cm/s^2, 9.8m/s^2)인 가속도를 만들기 때문에 $A = g$가 되는 (1.3)식은

$$F_w = \frac{1}{g} ma \tag{1.4}$$

로 된다. 여기서 F_w는 중력단위의 힘이다. 따라서

$$F_w = \frac{f}{g} \tag{1.5}$$

이론적으로는 dyne과 Newton을 사용하는 것이 편리하지만 실용적으로는 $g \cdot w$, $kg \cdot w$등의 중력단위가 편리하다. 따라서 이론식 가운데 mg등을 mw라고 써서 중력단위로 고쳐서 사용하면 실제 사용에 편리하다. 다음의 이론식은 dyne, Newton계를 사용하여 $A = 1$이라고 하면

$$mg = m_w, \quad \rho g = w_0 \tag{1.6}$$

등으로 써서 중력단위로 고쳐 나타내기도 한다. 그렇게 하면 (1.2)식은 $A=1$이기 때문에

$$\delta(mv) = F \cdot \delta t \tag{1.7}$$

로 되고, (1.7)식을 운동방정식이라 부르고, (1.3)식에서 힘은

$$F = \frac{d(mv)}{dt} \tag{1.8}$$

로 한다. m이 일정할 때

$$F = m\frac{dv}{dt} = m \cdot a \tag{1.9}$$

로 되며 (1.8), (1.9)식을 운동방정식이라고 한다.

다음에는 일에 관해서 정리해 보고자 한다. 어떤 물체에 힘 F가 작용하여 F방향으로 s만큼 이동했을 때 $F \cdot s$를 일이라고 정의한다.

$$W = F \cdot s \tag{1.10}$$

MKS단위계, 즉 F의 단위에 Newton, s에 미터 (m)를 사용했을 때 W는 주울(J=$N \cdot m$)이 된다. CGS단위계에서는 F는 다인 (dyne), s는 cm이고 이 때 W는 에르그(erg)가 된다. 중력단위에서는 F와 s의 단위를 곱의 모양($kgw \cdot m$, $gw \cdot cm$)으로 사용하고 있다. 그리고 시간에 대해 일을 하는 비율을 일률이라고 하는데, 매초 1주울(J)의 일을 할 때 이 일률을 1와트(W)라고 한다. 일을 할 수 있는 능력이란 Energy를 가진다고 한다. 어떤 기준면에서 높이 h에 있는 질량 m의 물체는 중력 mg에 의해서 h만큼

떨어질 수 있기 때문에 (1.10)식에 의해서

$$E_p = mgh \tag{1.11}$$

인 일을 할 수 있다. 이 일은 중력의 방향으로의 이동거리 h만 관계하기 때문에 경사지게 떨어지든지 직각으로 떨어지든지 중력이 한 일의 양은 도중의 이동경로에 관계하지 않는다. h라고 하는 위치만으로 일을 해서 얻는 능력이기 때문에 (1.11)식 E_p를 위치 Energy 또는 potential Energy라고 한다. 그리고 운동하는 물체도 이것을 멈추는 데는 일이 필요하다. 질량이 m이고 속도가 v인 이동물체를 멈추는데 필요한 일을 생각해 보자. 힘 F가 v와 반대 방향에 t초동안 작용하고 s만큼 움직이고 멈추었다고 하면, F가 일정하기 때문에 (1.9)식에서 가속도 a는 일정하고

$$a = \frac{(v-0)}{t} \qquad \therefore \quad t = \frac{v}{a}$$

이동거리 s는 평균속도 $v/2$에 t를 곱하여

$$s = \frac{v}{2}t = \frac{v^2}{2a}$$

로 된다. 이것과 (1.9)식에서

$$E_k = F \cdot s = ma\frac{v^2}{2a} = \frac{mv^2}{2} \tag{1.12}$$

E_k는 질량이 m이고 속도가 v인 움직이는 물체가 가지고 있는 Energy이고 이것을 운동 Energy라 한다. 위치 Energy와 운동 Energy를 합쳐서 기계적 Energy라고도 한다. 지금 h의 높이에 있는 질량 m의 물체가 정지 상태에서 z만큼 떨어진 위치에서 m(질량)이 가지는 Energy를 생각해 보자. 높이는

$(h-z)$가 되기 때문에 $E_p = mg(h-z)$, 속도 v는 $v = gt$ 또한, z는

$$z = \frac{v}{2}t = \frac{gt^2}{2} \text{ 에서}$$

$$v = g\sqrt{\frac{2z}{g}} = \sqrt{2gz}$$

$$\therefore E_k = \frac{m}{2} \cdot 2gz = mgz$$

따라서, Total Energy E는

$$E = E_p + E_k = mg(h-z) + mgz \qquad (1.13)$$

$$= mgh$$

즉, 떨어지기 전의 Energy와 같은 기계적 Energy는 보존되는 것을 알 수 있다. 그리고 공기중의 저항력과 경사면의 마찰력등이 작용하면 열과 소리가 되거나, 자장의 작용이 있으면 전기가 발생되기도 한다. Energy는 열, 전기, 빛, 진동으로 변하지만, 그 총량은 일정불변이고 이것을 Energy불변의 법칙이라고 한다.

1.2.4 유체의 운동(Ⅰ)

그림 1.2.1과 같이 어떤 순간에 원 A를 생각한다. 이때 물 속의 입자를 흰점으로 나타낸다. δt시간 후의 모양을 보면 원 A속의 물입자는 일부가 원 밖으로 유출되고 그대신 원 밖의 물입자(검은 점)가 A속으로 들어온다. 처음의 물입자(흰점)는 새로운 원 B를 만들고 있다. 유체의 운동을 다루는 데는 두 가지 방법으로 생각할 수 있다.

고정된 원 A속의 물은 교체되어 들어가고 교체되어 들어감에 따라 원 A속의 물이 어떠한 유속과 압력이 되는지를 조사하는 방법을 Euler방법이라고

하고, 또 어떤 순간에 원 A에 있었던 물이 시간의 경과에 따라 원 B와 같이 변하면서, 유속과 압력이 변한다. 이 것을 Lagrange의 방법이라 한다. 두 방법의 수학적 기술을 비교해 보면 Euler의 방법이 쉽기 때문에 보통 Euler방법이 사용되어지고 있다.

① Lagrange 방법(Lagrangeian method)

임의 시각 $t=t_0$(초기상태)에서 연속한 유체 중의 입자를 직교좌표 (a,b,c)로 나타내 보자. (a,b,c)유선 전체의 어느 입자에도 동일한 직교좌표를 사용하는 것으로 한다. 이러한 유체 중의 각 입자에 대해 시간의 함수로서 임의시각 t에서 위치 vector의 성분, 즉 $t=t$의 직교좌표(x,y,z)를 설정하여 (a,b,c)에 대해 시간함수로서 x,y,z를 부여하면 유체의 운동이 결정된다.

여기서 x,y,z는 a,b,c,t의 1가함수이다. 즉

$$\left.\begin{aligned} x &= F_1(a,b,c,t) \\ y &= F_2(a,b,c,t) \\ z &= F_3(a,b,c,t) \end{aligned}\right\}$$

t=0일 때에는

$$x=a,\ \ y=b,\ \ z=c$$

그러므로 a,b,c를 독립변수로 하여 운동방정식을 만들 수 있다. 이처럼 독립변수로서(a,b,c,t)를 사용하는 것이 Lagrange 방법이다. 물론, 엄밀히 한다면 압력과 압축성도 고려해야 한다.

② Euler 방법(Eulerian method)

Euler 방법은 유체 속의 한 점을 지나는 실질부분의 운동(속도, 가속도 등)을 조사하는 것이다. 유체는 작용하는 힘, 즉 유체입자의 가속도에 기인하는 관성력(inertial force), 유체의 실질부분에 작용하는 질량력(body force),

유체 내의 가상 임의의 폐곡면을 통과하여 외부의 유체가 내부의 유체에 미치는 압력차에 기인하는 힘(pressure force)및 유체의 점성작용에 의한 점성력(viscous force) 등에 의하여 운동한다. 점성을 무시하고 유체의 운동을 생각해 본다. 이와 같은 유체는 완전유체(Perfect fluid) 또는 이상유체(ideal fluid)라고 한다. 일반적인 수리학에서는 Euler의 운동방정식을 유도하는 과정에서 Newton의 운동 제 2법칙을 적용하고 있다. 유체 내에 고정시킨 한 점에 주목하여 그 점의 직교좌표를 x,y,z라 한다. 임의의 시각t에 그 점을 통과하는 유체입자의 속도성분을 u,v,w라 하면, t의 변화에 의하여 그 점의 속도성분이 어떻게 변화하는가에 주목하는 것이고, 또는 t를 고정시킨 경우 유체 내의 모든 점의 속도성분은 어떻게 되는가 주목하는 방법이다.

즉 u,v,w를 x,y,z,t의 함수로 보는 것이다.

$$\left.\begin{array}{l} u=f_1(x,y,z,t) \\ v=f_2(x,y,z,t) \\ w=f_3(x,y,z,t) \end{array}\right\}$$

Euler의 방법은 앞에서 서술한 질량 m의 물체의 운동과 다음과 같은 차이점이 있다. 원 A내의 물이 갖는 운동상태의 변화는 단순히 원의 면에 작용하는 수압과 원 속의 물에 작용하는 중력과 같은 외력만으로 변하는 것이 아니고 원 안으로 유출입하는 물입자의 양에 따라서도 변한다.

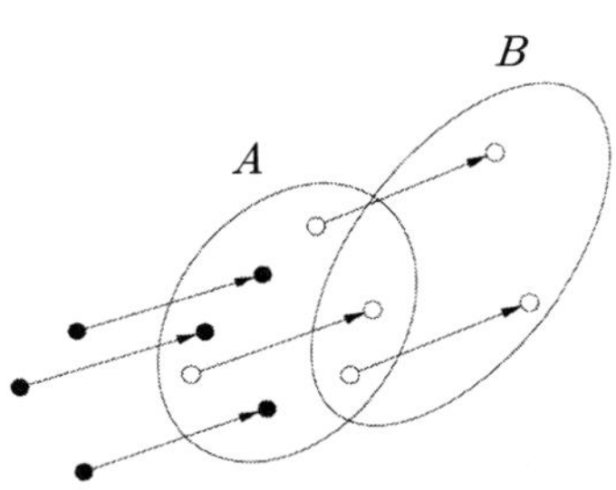

그림 1.2.1 물입자의 운동

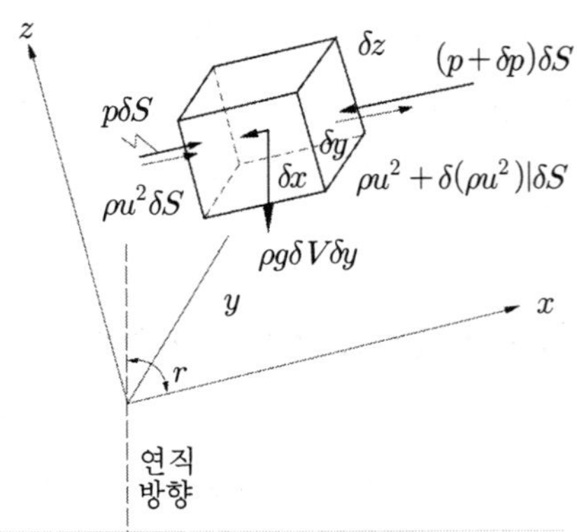

그림 1.2.2 운동량 변화와 힘

이 때 원 A를 검사면이라고 하면, 검사면 속의 각 장소에서는 유속과 수압이 다르기 때문에 이들이 일정하고 미소요소 δV와 무한소요소 dV를 생각할 필요가 있다. 운동량방정식(1.7)을 그림 1.2.1에서 유속이 x방향으로만 u라는 유속이 존재할 때 즉, $(u,\ 0,\ 0)$인 경우의 x방향의 운동량을 생각하자. 단위체적당의 질량(밀도)를 ρ라고 하면 $\delta V=\delta x\times\delta y\times\delta z$인 용적의 질량은 $\rho\delta V$이고, 운동량은 속도 u를 곱하여 $\rho\delta V\cdot u$가 된다. 따라서 (1.7)식의 좌변은

$$\delta(\rho u\delta V) \tag{a}$$

우변은 $\delta S=\delta y\times\delta z$에 작용하는 수압 $\rho\delta S$와 δV에 작용하는 중력 $\rho\delta V\cdot g$이다(체적에 작용하는 힘을 체적력, 수압처럼 면에 작용하는 힘을 면적력이라 한다). 그림 1.2.2에서와 같이 δx만큼 떨어진 위치에서 수압은 $p+\delta p$가 되고 중력의 x방향의 분력은 $\rho g\delta V\mathrm{cos}r$가 되기 때문에 (1.7)식의 우변은

$$-(\delta p\delta S+\rho g\cos\gamma\delta V)\delta t \tag{b}$$

가 된다. 여기서 γ는 중력의 방향과 x축이 이룬 각이다. Euler의 방법에서는 앞에서 설명한 것처럼 δV에 유출입된 운동량에 의해서도 변화한다. x점의 단위면적, 단위시간에 유입된 운동량은 $\rho u\cdot u=\rho u^2$, δx만큼 떨어진 점에서는 $\{\rho u^2+\delta(\rho u^2)\}$이 되기 때문에, δS면에서 δt시간의 유출입 운동량은

유입운동량 : $\rho u2\delta S\cdot\delta t$

유출운동량 : $\{\rho u^2+\delta(\rho u^2)\}\delta S\cdot\delta t$

로 되며, δV내의 운동량의 변화량(유출입의 차)은

$$-\delta(\rho u^2)\delta S\cdot\delta t \tag{c}$$

로 된다. (1.7)식에 해당하는 식은 (a), (b)외에 (c)식을 고려하면

$\delta(\rho u\delta V)=-(\delta p\delta S+\rho g\cos\gamma\delta V)\delta t-\delta(\rho u^2)\delta S\cdot\delta t$

로 되며, 양변을 δt로 나누어서 정리하면

$$\frac{\delta(\rho u\delta V)}{\delta t}+\{\delta p+\delta(\rho u^2)\}\delta S=-\rho g\cos\gamma\delta V$$

로 된다. 여기서, δp, $\delta(\rho u^2)$은 δx만큼 떨어진 위치에서의 p, ρu^2의 변화량이기 때문에 $\delta(p+\rho u^2)$이라고도 쓸 수 있다. 따라서

$$\frac{\delta(\rho u\delta V)}{\delta t}+\delta(p+\rho u^2)\delta S=-\rho g\cos\gamma\delta V \tag{1.14}$$

(1.14)식을 설명하면 검사면 안에서 물의 운동량의 변화는 검사면에 작용하는 수압의 합계와, 검사면내의 물에 작용하는 체적력, 검사면을 통과하여 유출입하는 운동량의 합은 일정하다고 할 수 있다. 그리고 (1.14)식의 양변을 $\delta V=\delta x\cdot\delta y\cdot\delta z$로 나누면, $\delta S=\delta y\cdot\delta z$이기 때문에

$$\frac{\delta(\rho u)}{\delta t}+\frac{\delta(p+\rho u^2)}{\delta x}=\rho g\cos\gamma \tag{1.15}$$

로 된다. 흐름이 시간에 따라 변화하지 않으면 (1.14), (1.15)식의 첫째항은 0이 된다. 흐름이 시간에 따라 변하지 않는 흐름을 정상류, 시간에 따라 변하는 흐름을 비정상류라고 한다. 중력에 의한 운동을 생각할 때 (1.7)식과

(1.14)식의 차이는 δS를 통과한 운동량의 흐름 및 수압의 작용을 나타내는 제2항이 있다. 이 제2항은 유체의 중요한 항이다. 정상류에서 중력에 직각인 흐름은 (1.15)식으로부터

$$\frac{\delta(p+\rho u^2)}{\delta x}=0$$

x방향의 변화율이 0이기 때문에

$$p+\rho u^2=\text{일정} \tag{1.16}$$

이다. 이 때 $p+\rho u^2$은 보존된 u가 작게 되면 p는 커지고, p가 작아지면 ρu^2은 커진다. 즉, p와 ρu^2은 동질이기 때문에

$$M_f=p+\rho u^2 \tag{1.17}$$

을 운동량 흐름이라고 한다.

다음으로 Euler방법의 가속도를 생각해 보자. Lagrange의 방법에서는 1.2절의 질량의 운동과 같은 형태로, 보고 있는 물입자를 쫓아가면서 생각하기 때문에 그 수괴 내의 물입자의 속도의 시간변화를 생각하면 좋지만, Euler방법에서는 위치를 고정한 원을 생각하기 때문에 이 원으로 유출입하는 물입자를 생각하게 된다. 또 점(x, y, z)에서 미소요소 $\delta V=\delta x\times\delta y\times\delta z$를 생각해 보자. 시각 t에서 x, y, z방향의 유속이 u, v, w라고 하고, x방향의 유속 u에 대해서 생각하면 그림 1.2.3 (B),(C)는 x방향의 유속분포를 나타낸다.

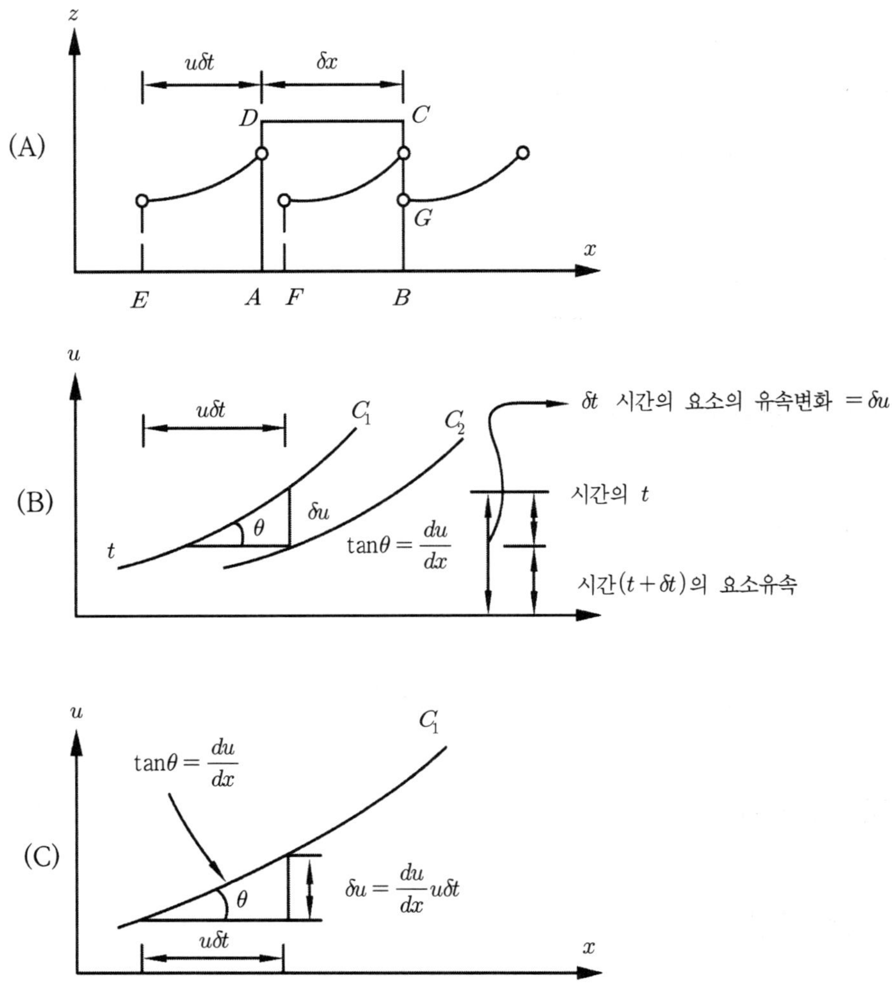

그림 1.2.3 유속중의 요소와 물입자의 이동

유속분포는 시각 t에 C_1선이 되고, δt시각 후에는 C_2선의 분포가 되며, 그림(B)에서 C_1선, C_2선의 수평거리는 $u\delta t$이고, (A)그림에서 요소 밖의 EA 사이의 물입자는 요소 안으로 유입하고 요소 안의 FB사이의 물입자는 요소 밖으로 유출한다. 이 결과 요소 AB사이의 물입자는 그림(A)에서 보면 요소외의 EA사이의 물 입자는 요소안으로 유입하고 요소안의 FB사이의 물 입자는 요소밖으로 유출한다. 이 결과 요소 AB사이에서 물 입자는

$$\delta u = \frac{\partial u}{\partial x} u\delta t$$

$$\partial u : \delta u = \partial x : u\delta t$$
$$\delta u \partial x = \partial u u \delta t$$
$$\delta u = \frac{\partial u}{\partial x} u\delta t$$

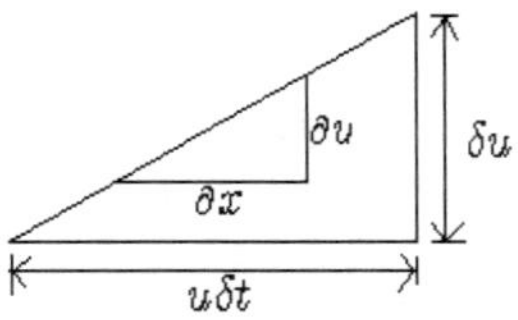

만큼 속도가 변화한다.

그리고 y축 방향에서 유출입하는 물 입자를 생각하면 y방향의 유속은 v이므로

$$\delta u = \frac{\partial u}{\partial y} v\delta t$$

$$\partial u : \delta u = \partial y : v\delta t$$
$$\delta u \partial y = \partial u v \delta t$$
$$\delta u = \frac{\partial u}{\partial y} v\delta t$$

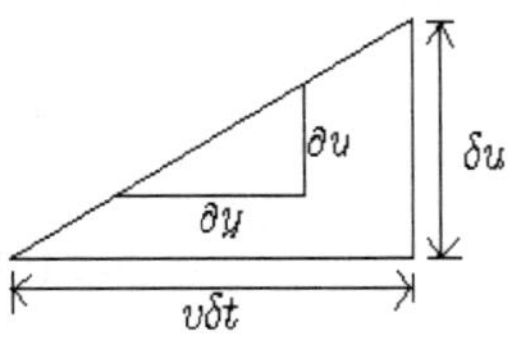

만큼 속도가 변화한다. z축 방향에서 유출입하는 물 입자를 생각하면 z축 방향의 유속은 w이므로

$$\delta u = \frac{\partial u}{\partial z} w\delta t$$

$$\partial u : \delta u = \partial z : w\delta t$$
$$\delta u \partial z = \partial u w \delta t$$
$$\delta u = \frac{\partial u}{\partial z} w\delta t$$

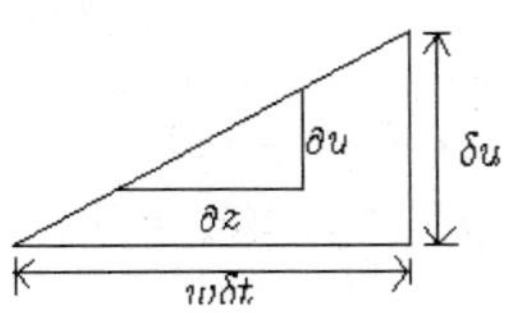

만큼 속도가 변화한다.[1)]

이와 같이 요소 내의 x방향의 속도성분 u는 δt시간 후 $u+\delta u$가 되었다고 하면 요소 내의 물입자는 Lagrange적인 속도변화((1.9)식의 질량(m)의 속도변화에 해당하는 속도변화에 x, y, z방향에서 유출입 된 물 입자가 같은 속도변화를 더하면

$$\delta u=\frac{\partial u}{\partial t}\delta t+\frac{\partial u}{\partial x}u\delta t+\frac{\partial u}{\partial y}v\delta t+\frac{\partial u}{\partial z}w\delta t$$

가 얻어진다. 윗식의 양변을 δt로 나누면

$$\frac{\delta u}{\delta t}=\frac{\partial u}{\partial t}+u\frac{\partial u}{\partial x}+v\frac{\partial u}{\partial y}+w\frac{\partial u}{\partial z}$$

$\delta u/\delta t$는 Euler적인 가속도라는 의미로, Du/Dt라고 쓴다(전미분을 du/dt라고 쓴 책도 있다). y, z방향의 가속도는 같은 방법으로 하여

$$\frac{Du}{Dt}=\frac{\partial u}{\partial t}+u\frac{\partial u}{\partial x}+v\frac{\partial u}{\partial y}+w\frac{\partial u}{\partial z} \tag{1.17}$$

$$\frac{Dv}{Dt}=\frac{\partial v}{\partial t}+u\frac{\partial v}{\partial x}+v\frac{\partial v}{\partial y}+w\frac{\partial v}{\partial z}$$

$$\frac{Dw}{Dt}=\frac{\partial w}{\partial t}+u\frac{\partial w}{\partial x}+v\frac{\partial w}{\partial y}+w\frac{\partial w}{\partial z}$$

---

1) 그림 1.2.3(c)의 C_l곡선은 시각 t에 있어서의 u와 x의 관계를 나타내고 있다. 이 곡선의 x좌표에 있어서의 접선구배는 du/dx이고, x가 $u\delta t$만큼 증가할 때의 u의 증가량 δu는 $\delta u=(du/dx)u\delta t$이다. 미분상 du/dx가 이 예처럼 u는 x만의 함수가 아니고 y, z, t에 의해서도 변하는 경우 y, z, t를 일정하게 해두고 x만의 증분 dx에 대한 u의 증분 du를 생각한 경우의 미분상을 ∂라고 써서 $\partial u/\partial x$라고 쓴다. 이것을 u의 x에 관한 편미분이라고 한다. 이것에 대해서 du/dx을 전미분이라고 한다.

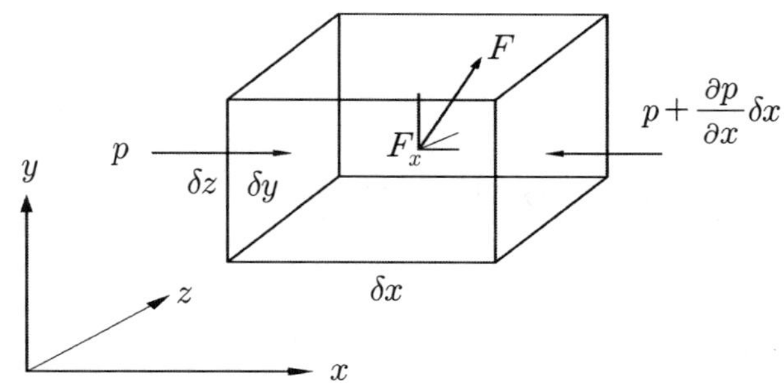

그림 1.2.4 요소에 작용하는 힘

우변 제2~제4항은 흐름(u, v, w)에 의해서 운반되어지는 양을 표시하고 이류항이라 한다. Euler방법에서는 이 이류항이 나타나는 것이 특징이다. 유체중의 가속도가 분명하게 되었기 때문에 (1.9)식에 해당하는 운동방정식을 구할 수 있다. 그림 1.2.4에서 $\delta V=\delta x\times\delta y\times\delta z$의 요소를 생각해 보자. 힘은 요소표면에 작용하는 압력과 중력 등의 체적력 F이다. 의 x, y, z성분을 F_x, F_y, F_z라고 쓴다. x방향의 힘은 $\delta y\times\delta z$의면에 작용하는 압력과 $\rho\delta V$에 작용하는 F_x이기 때문에

$$\rho\delta V\frac{Du}{Dt}=-\left(\frac{\partial p}{\partial x}\delta x\right)\delta y\delta z+F_x\rho\delta V$$

로 되며, 그리고 $\rho\delta V$로 나누면

$$\frac{Du}{Dt}=F_x-\frac{1}{\rho}\frac{\partial p}{\partial x}$$

로 된다. 같은 방법으로 하면

$$\frac{Dv}{Dt}=F_y-\frac{1}{\rho}\frac{\partial p}{\partial y} \qquad (1.19)$$
$$\frac{Dw}{Dt}=F_z-\frac{1}{\rho}\frac{\partial p}{\partial z}$$

로 된다. (1.19)식을 Euler의 운동방정식이라 하고, 완전유체의 중요한 기초식이다.

1.3 질량보존과 연속조건

1.3.1 질량보존

질량 m^1의 물체와 m^2물체를 더하면 질량은 m^1+m^2가 된다(양자역학에서는 이렇게는 되지 않는다). 크기가 $\delta x\times\delta y\times\delta z=\delta V$인 직육면체의 미소요소를 생각해보자. 물의 밀도 ρ가 장소적, 시간적으로 일정하다고 생각하면 〈그림 1.3.1.1〉에서 각 면으로부터 유입, 유출한 물의 유량의 합계는 0이 되지 않으면 안된다. x방향의 물이 들어오고 나가는 차이는 시간당

$$\left(u+\frac{\partial u}{\partial x}\delta x\right)\delta y\delta z\cdot\delta t-u\delta y\delta z\cdot\delta t=\frac{\partial u}{\partial x}\delta V\delta t$$

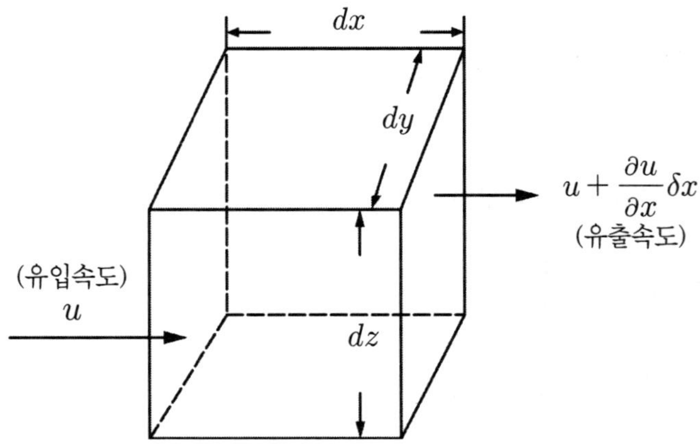

그림 1.3.1.1

로 된다. 같은 방법으로 x, y, z의 전방향의 출입을 합하면

$$\left(\frac{\partial u}{\partial x}+\frac{\partial v}{\partial y}+\frac{\partial w}{\partial z}\right)\delta V\delta t \tag{a}$$

로 되며, 물은 비압축성 유체이므로 그의 값은 0이 된다.

$$\therefore \frac{\partial u}{\partial x}+\frac{\partial v}{\partial y}+\frac{\partial w}{\partial z}=0 \tag{1.20}$$

다음에 공기와 염분농도가 다른 물 즉, 밀도가 일정하지 않는 흐름을 생각해 보자.

(a)식은 유량의 나가고 들어오는 차이를 구한 것이기 때문에 질량이 들어오고 나가는 차이는 (a)식에 밀도 ρ를 곱하여

$\rho\left(\frac{\partial u}{\partial x}+\frac{\partial v}{\partial y}+\frac{\partial w}{\partial z}\right)\delta V\cdot\delta t$ 가 된다. 따라서 밀도의 변화량은 $\delta\rho$로서

$$\begin{aligned}&-\delta\rho\delta V=\rho\left(\frac{\partial u}{\partial x}+\frac{\partial v}{\partial y}+\frac{\partial w}{\partial z}\right)\delta V\cdot\delta t\\ &\therefore \frac{D\rho}{Dt}+\rho\left(\frac{\partial u}{\partial x}+\frac{\partial v}{\partial y}+\frac{\partial w}{\partial z}\right)=0\end{aligned} \tag{1.21}$$

로 된다. (1.21)식에서는 $\delta\rho/\delta t$를 $D\rho/Dt$라고 쓰고 있다. 이것은 1.2절에서 생각한 것처럼, δV 내의 밀도의 변화 $\delta\rho$는 나가고 들어오는 질량의 차에 따라 압축(또는 팽창)되어 생겼을 뿐만 아니라, 부근에서 다른 밀도를 가지는 물의 유출입에도 영향을 받는 Euler적인 밀도 변화율이 되기 때문이다. $D\rho/Dt$는 (1.18)식에서와 같은 방법으로

$$\frac{D\rho}{Dt}=\frac{\partial\rho}{\partial t}+u\frac{\partial\rho}{\partial x}+v\frac{\partial\rho}{\partial y}+w\frac{\partial\rho}{\partial z} \tag{1.22}$$

로 된다. (1.21)식을 Euler의 연속방정식이라 한다. ρ가 장소적, 시간적으로 변하지 않는 경우에는 (1.21)식은 (1.20)식이 된다.

〈예제 1.3.1.1〉 다음의 속도성분이 포함될 때에 정상, 비압축성에 대하여 연속방정식이 성립하는가?

$u=2x^2-xy+z^2,\ v=x^2-4xy+y^2,\ w=-2xy-yz+y^2$

(풀이) 각각의 성분 적당한 차원에 대하여 미분하면

$$\frac{\partial u}{\partial x}=4x-y\ ,\ \frac{\partial v}{\partial y}=-4x+2y\ ,\ \frac{\partial w}{\partial z}=-y$$

위식을 연속방정식에 대입하면

$(4x-y)+(-4x+2y)+(-y)=0$

※연속방정식이 성립한다.

〈예제 1.3.1.2〉 $u=kx,\ \ v=-ky$ 일때 연속방정식이 성립하는가?

(풀이) 각각의 성분 적당한 차원에 대하여 미분하면

$\dfrac{\partial u}{\partial x}=k,\ \ \dfrac{\partial v}{\partial y}=-k,\ \ (k)+(-k)=0$ 이므로 연속방정식을 만족한다.

〈예제 1.3.1.3〉 Newton의 운동 2법칙 및 질량보존법칙에 의하여 Euler의 방정식과 연속방정식을 유도하시오.

(풀이) 〈그림 1.3.1.2〉과 같이 유체내의 미소육면체를 가정하고, 그 중심위치의 좌표를 (x,y,z)로 하고, 압력을 p, 유속성분을 (u,v,w)로 한다. x방향에 관한 운동만을 생각하면 Δx구간의 면$(\Delta y, \Delta z)$에 작용하는 압력의 변화량 Δp의 속도 변화량 Δu는 Taylor 전개방법을 적용하여 다음과 같이 얻을 수 있다.

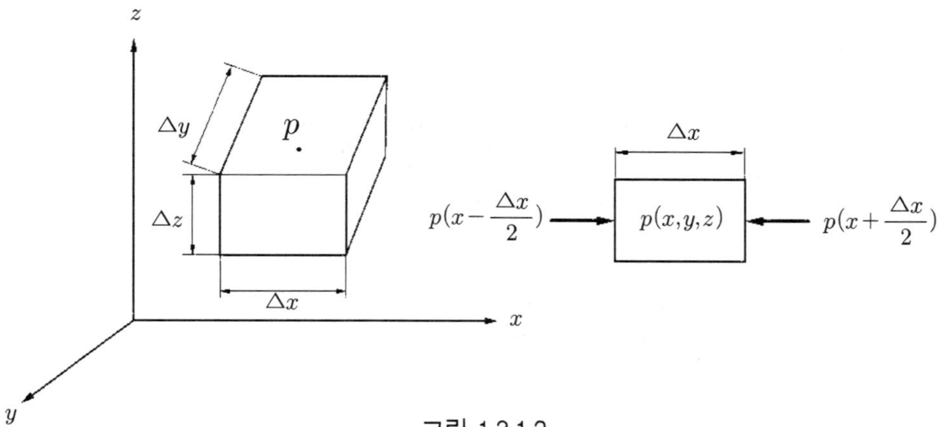

그림 1.3.1.2

$$\Delta p = \left\{ p(x - \frac{\Delta x}{2}) - p(x + \frac{\Delta x}{2}) \right\} \Delta y \cdot \Delta z$$

$$= \left\{ p(x) - \frac{1}{2}\frac{\partial p}{\partial x}\Delta x + \cdots \right\} \Delta y \Delta z$$

$$- \left\{ p(x) - \frac{1}{2}\frac{\partial p}{\partial x}\Delta x + \cdots \right\} \Delta y \Delta z \fallingdotseq - \frac{\partial p}{\partial x}\Delta x \Delta y \Delta z$$

$$\Delta u = u(x + \frac{\Delta x}{2}, y + \frac{\Delta y}{2}, z + \frac{\Delta z}{2},\ t + \Delta t)$$

$$- u(x - \frac{\Delta x}{2}, y - \frac{\Delta y}{2},\ z - \frac{\Delta z}{2},\ t)$$

$$= u(x,y,z,t) + \left\{ \frac{1}{2}\frac{\partial u}{\partial x}\Delta x + \frac{1}{2}\frac{\partial u}{\partial y}\Delta y + \frac{1}{2}\frac{\partial u}{\partial z}\Delta z \right.$$

$$\left. + \frac{\partial u}{\partial t}\Delta t + \cdots \right\} - u(x,y,z,t) + \left\{ \frac{1}{2}\frac{\partial u}{\partial x}\Delta x \right.$$

$$\left. + \frac{1}{2}\frac{\partial u}{\partial y}\Delta y + \frac{1}{2}\frac{\partial u}{\partial z}\Delta z + \cdots \right\}$$

$$\fallingdotseq \frac{\partial u}{\partial t}\Delta t + \frac{\partial u}{\partial x}\Delta x + \frac{\partial u}{\partial y}\Delta y + \frac{\partial u}{\partial z}\Delta z$$

그러므로

$$\lim_{\Delta\to 0}\frac{\Delta u}{\Delta t}=\frac{du}{dt}=\frac{\partial u}{\partial t}+u\frac{\partial u}{\partial x}+v\frac{\partial u}{\partial y}+w\frac{\partial u}{\partial z}$$

단

$$u=\frac{dx}{dt},\ v=\frac{dy}{dt},\ w=\frac{dz}{dt}$$

윗식에서 $\frac{du}{dt}$는 유체의 가속도이고, 시간적 가속도 $(\frac{\partial u}{\partial t})$와 장소적 가속도 $(u\frac{\partial u}{\partial x}+v\frac{\partial u}{\partial y}+w\frac{\partial u}{\partial z})$가 포함되어 있는 것을 알 수 있다.

그리고 이 미소유체의 단위체적에 작용하는 질량력의 x방향 성분을 X라고 하면 운동에 관한 균형조건으로부터 다음 식을 얻을 수 있다.

$$\rho dxdydz\cdot\frac{du}{dt}=\rho dxdydz\cdot X-\frac{\partial p}{\partial x}dxdydz$$

그러므로

$$\frac{du}{dt}=\frac{\partial u}{\partial t}+u\frac{\partial u}{\partial x}+v\frac{\partial u}{\partial y}+w\frac{\partial u}{\partial z}=X-\frac{1}{\rho}\frac{\partial p}{\partial x}$$

다음은 연속방정식을 유도해 보기로 하자.

〈그림 1.3.1.2〉에서 나타낸 미소육면체의 x방향의 2단면에 있어서의 단위 시간당 질량의 유입량과 유출량을 각각

$$\rho u(x-\frac{\Delta x}{2})\Delta y\Delta z,\ \rho u(x+\frac{\Delta x}{2})\Delta y\Delta z$$

라고 하면, $\triangle t$시간 내에 미소육면체 내에 저류된 질량의 x성분은 Taylor 전개방법을 적용하여

$$\begin{aligned}&\triangle\{\rho\cdot\triangle x\cdot\triangle y\cdot\triangle z\}_x\\&=\left[\rho u(x-\frac{\triangle x}{2})\triangle y\triangle z-\rho u(x+\frac{\triangle x}{2})\triangle y\triangle z\right]\triangle t\\&=\left[\rho u(x)-\frac{1}{2}\frac{\partial(\rho u)}{\partial x}\triangle x+\cdots-\rho u(x)\right.\end{aligned}$$

$$\left.-\frac{1}{2}\frac{\partial(\rho u)}{\partial x}\triangle x+\cdots\right]\triangle y\cdot\triangle z\cdot\triangle t\fallingdotseq-\frac{\partial(\rho u)}{\partial x}\triangle x\cdot\triangle y\cdot\triangle z\cdot\triangle t$$

그러므로

$$\lim_{\triangle\to 0}(\frac{\triangle\rho}{\triangle t})_x=(\frac{d\rho}{dt})_x=-\frac{\partial(\rho u)}{\partial x}$$

y,z방향의 성분에 대해서도 같은 방법으로 구할 수 있으므로, 결국 전체로서는 다음과 같이 표현된다.

$$\frac{d\rho}{dt}+\frac{\partial(\rho u)}{\partial x}+\frac{\partial(\rho v)}{\partial y}+\frac{\partial(\rho w)}{\partial z}=0$$

1.3.2 물의 에너지

유관에서 물의 흐름이 갖는 에너지에 대하여 생각해 보자. 물의 흐름에 대한 에너지는 고체인 경우와 같이 운동에너지와 위치에너지가 있고 그밖

에 유체 특유의 것으로서 압력에너지가 있다. 그리고 이 세 개를 합친 것을 전 에너지라고 한다. 위 세 가지 에너지는 다음과 같이 표현된다.

(1)운동에너지: (1/2)mv^2, (2)위치에너지: mgz, (3)압력에너지: $m \cdot p/\rho$ 압력에너지는 작업량 (힘×거리))로 표현된다.

또한, 압력에너지는 힘 pA가 작용하여 단위시간에 v만큼만 이동하니까 m을 질량, ρ를 밀도, Q를 유량이라 하면, $m=\rho Q$가 되므로 다음과 같다.

$$pA \times v = pQ = \frac{p}{\rho} \times \rho Q = \frac{p}{\rho} \times m$$

전 에너지를 E'라고 하면

$$\begin{aligned} E' &= \frac{1}{2}mv^2 + mgz + m\frac{p}{\rho} \\ &= mg\left(\frac{v^2}{2g} + z + \frac{p}{\rho g}\right) \end{aligned}$$

단위체적중량의 물의 전 에너지 E는 양변을 물의 중량 mg로 나누면

$$E = \frac{v^2}{2g} + z + \frac{p}{\rho g}$$

위 식의 각 항은 물의 단위체적중량의 각 에너지의 수두라고 하며, 길이의 단위를 갖는다. 여기서, E를 전수두, $v^2/2g$를 속도수두, z를 위치수두, $p/\rho g$를 압력수두라고 한다.

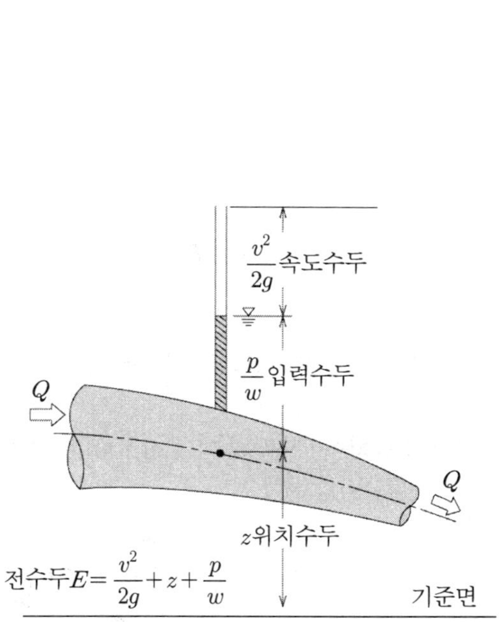

그림 1.3.2.1 물의 에너지

1.3.3 베르누이의 정리

에너지보존의 법칙에서 수로의 어느 장소에서도 전수두 E는 같다. 그리고 물의 점성에 의한 마찰 등의 에너지손실이 없는 유체를 완전유체라고 한다. 완전유체에서 수로내의 각 단면에서 속도수두, 위치수두, 압력수두의 수치가 변화해도 그 합계인 전수두는 변하지 않는다. 즉, 그림 1.3.3.1처럼 단면 및 유심(흐름의 중심)의 높이가 변화하는 유관의 ①, ②단면에서, ${v_1}^2/2g$와 ${v_2}^2/2g$, z_1과 z_2, $p_1/\rho g$와 $p_2/\rho g$의 수치는 각각 다르나 그 합계 E는 같아 다음식이 성립된다.

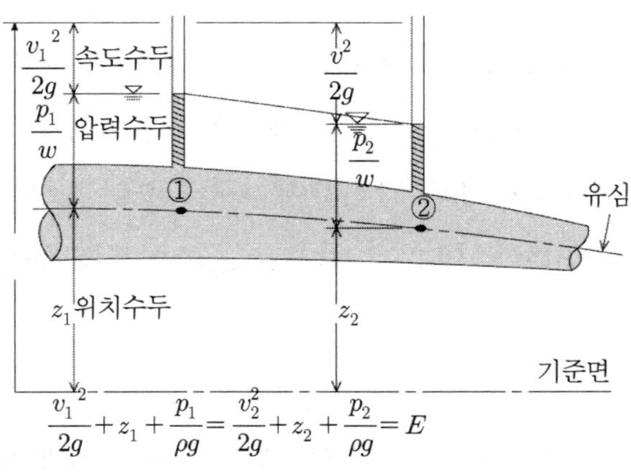

그림 1.3.3.1 완전유체에서 베르누이의 정리

$$\frac{{v_1}^2}{2g}+z_1+\frac{p_1}{\rho g}=\frac{v_2^2}{2g}+z_2+\frac{p_2}{\rho g}=E$$

이 관계를 완전유체에서 베르누이 정리라고 한다.

〈예제 1.3.3.1〉 에너지보존법칙을 가정하여 Bernoulli 정리를 유도하시오.

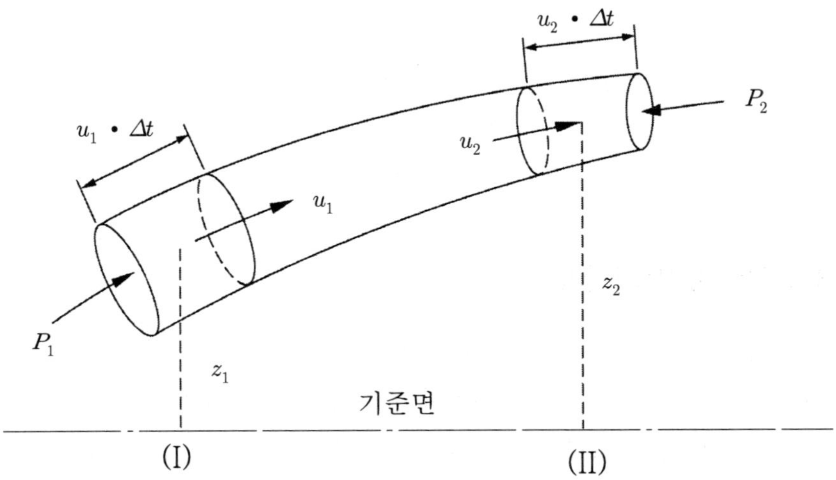

그림 1.3.3.1

(풀이) 그림 1.3.3.1에서와 같이 유체 중에 하나의 유관을 가상하고, 유관에 임의의 단면을 (I),(II)라고 하고 각각의 단면적, 평균유속, 압력강도, 기준면(수평면)으로부터 높이를 $(a_1,a_2):(u_1,u_2);(p_1,p_2):(z_1 z_2)$라고 한다. 유체의 밀도를 ρ(일정)로 할 때, Δt시간에 단면(I)에 유입하는 질량은 $m_1=\rho u_1 a_1 \Delta t$ 이고, 단면(II)에서 유출하는 질량은 $m_2=\rho u_2 a_2 \Delta t$이다. 그리고 유량(discharge)을 Q로 하면

$$u_1 a_1 = u_2 a_2 = Q \tag{a}$$

윗 식은 같은 유관에서 모든 임의의 단면에 대해 성립된다. 이것을 연속

방정식(equation of continuity)이라고 한다.

운동에너지를 KE, 위치에너지를 PE, 압력을 PW로 하면

$$\left.\begin{aligned} KE &= \frac{1}{2}v^2 = \frac{1}{2}\rho ua\Delta t \cdot u^2 \\ PE &= mgz = \rho ua\Delta t \cdot g \cdot z \\ PW &= pa \times \text{길이} = pa \cdot u\Delta t \end{aligned}\right\} \tag{b}$$

에너지 보존법칙(law of conservation of energy)은 식 (b)의 KE (kinematic energy)와 PE(potential energy)의 사이에 서로 교환은 있지만 그 합은 항상 일정하다는 것이다. 그리고 〈그림 1.3.3.1〉에서 (I),(II)단면의 총 에너지 차는 그 단면에서 행하여진 일의 양과 같아야 한다.

$$(PW)_2 - (PW)_1 = (KE + PE)_1 - (KE + PE)_2 \tag{c}$$

윗식에서 식 (b)를 대입하고 식(a)을 고려하면

$$p_1 + \rho g z_1 + \frac{1}{2}\rho u_1^2 = p_2 + \rho g z_2 + \frac{1}{2}\rho u_2^2$$

일반적으로 다음 식으로 표시된다.

$$\left.\begin{aligned} & p + \rho gz + \frac{1}{2}\rho u^2 = const \\ \rho g = w \quad & \text{라고하면} \\ & \frac{p}{w} + z + \frac{u^2}{2g} = const \end{aligned}\right\} \tag{d}$$

윗식에서 g는 중력가속도이고 w는 유체의 단위체적중량이다. 식(d)의 제2식은 길이의 차원에 있기 때문에 다음의 용어로 표현할 수 있다.

$$\frac{p}{w} \; : \text{압력수두(pressure head)}$$
$$\frac{u^2}{2g} \; : \text{속도수두(velocity head)} \qquad \text{(e)}$$
$$z \; : \text{위치수두(elevation head)}$$

압력수두와 위치수두의 합을 피조미터 수두(piezometric head)라고도 부른다.

〈예제 1.3.3.2〉 〈그림 1.3.3.2〉에서와 같이 길이(l), 지름(D)의 큰 저수조에서 유체를 방류할 때 관 내의 압력 강도, 유속u, 방류량Q을 구하시오. 단, 유체는 완전유체라고 가정한다.

(풀이) 그림에서 점 ①,②,③에 Berniulli 정리를 적용하면 식(d)로부터

$$\frac{p_1}{w}+z_1+\frac{u_1^2}{2g}=\frac{p_2}{w}+z_2+\frac{u_2^2}{2g}=\frac{p_3}{w}+z_3+\frac{u_3^2}{2g}=const$$

①,③은 대기와 접하고 있기 때문에 $p_1=p_3=p_0$가 되고, 관지름은 같기 때문에 ②,③의 유속은 같다.

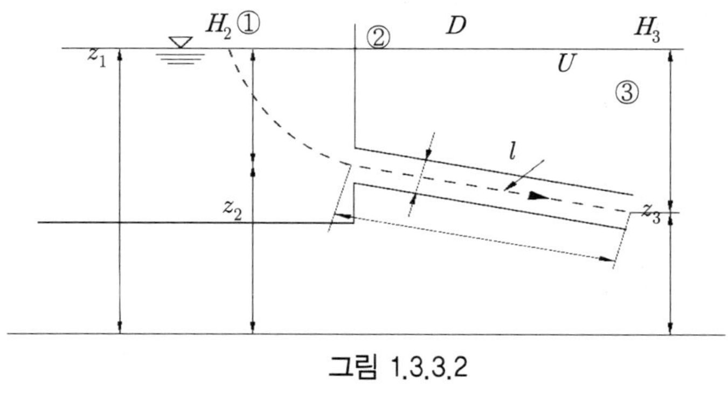

그림 1.3.3.2

그러므로 $u_2=u_3=u$의 수면은 변화하지 않으므로 $u_1 \fallingdotseq 0$이라고 하여도 좋다. 그러므로

$$\frac{p_0}{w}+z_1+0=\frac{p_2}{w}+z_2+\frac{u^2}{2g}=\frac{p_0}{w}+z_3+\frac{u^2}{2g}$$

윗 식에서

$$\frac{p_2}{w}=\frac{p_0}{w}+z_3-z_2=\frac{p_0}{w}+H_2-H_3$$

$$u=\sqrt{2g(z_1-z_3)}=\sqrt{2gH_3}$$

$$Q=u\times\frac{\pi}{4}D^2=\frac{\pi}{4}D^2\cdot\sqrt{2gH_3}$$

따라서, 관 내의 압력강도는 점 ②에서 $p_0+w(H_2-H_3)$, 점 ③에서 p_0로 되며 직선적으로 변화한다. 유속은 $\sqrt{2gH_3}$로 모든 점에서 일정하다.

〈예제 1.3.3.3〉 그림 1.3.3.3에서와 같은 위어(weir)에서 월유량(越流量: overflow discharge) Q를 구하시오. 단, 에너지손실은 무시한다.

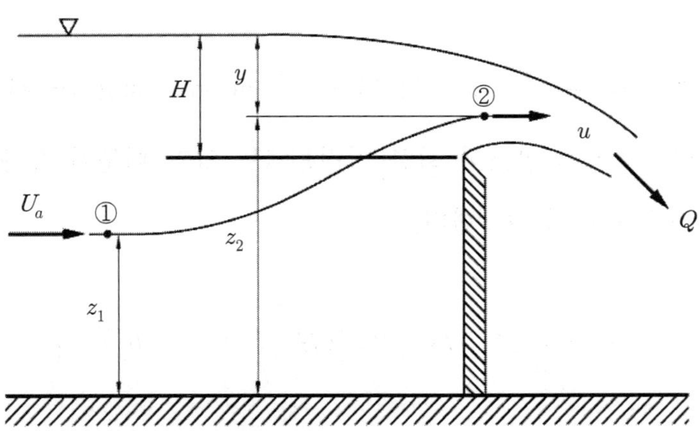

그림 1.3.3.3

(풀이) 그림의 유선 점 ①, ②에 Bernoulli정리를 적용하면 식

$$\frac{U_a^2}{2g}+\frac{p_a}{w}+z_1=\frac{u^2}{2g}+\frac{p}{w}+z_2=const$$

단, $p_a,$ p는 각각 점 ①, ②의 수압이다. $p_a,$ p는 식으로 변환된다.

$$p_a=(z_2+y-z_1)\rho g+p_0$$

$$p\fallingdotseq p_0$$

p_0는 대기압이고, 위어폭을 B, dy에 대한 유량을 dQ로 하면

$$dQ=B\cdot u\cdot dy=B\sqrt{2g}\,\{y+h_a\}^{1/2}dy$$

$$\therefore Q=\int dQ=\int_0^H B\sqrt{2g}\,\{y+h_a\}^{1/2}dy$$

$$=\frac{2}{3}B\sqrt{2g}\,\{(H+h_a)^{3/2}-(h_a)^{3/2}\}$$

윗식에서 $h_a=U_a^2/2g$는 접근유속수두(approaching velocity head)이다. 일반적으로 유속(u)분포에 관한 가정문제도 있기 때문에 유량계수 C를 이용하여 다음과 같이 보정한다.

$$Q=\frac{2}{3}C\cdot B\cdot\sqrt{2g}\,\{(H+h_a)^{3/2}-(h_a)^{3/2}\}$$

이외의 Bernoulli 정리는 관로의 유량을 구하거나, Venturi-tube, pitot-tube, 수문의 유출문제 등에 널리 이용되지만 여기서는 생략한다.

1.4 유체의 운동 (Ⅱ)

1.4.1 흐름이 갖는 물리량의 연속조건

흐르는 물은 물입자로 구성되는 연속체의 흐름이다. 그리고 비압축성으로 취급되며, 이 연속체의 흐름과 함께 용적과 질량, 운동량, Energy, 그리고 염분등은 용존물질이 흐름과 함께 운반되고 있다. 주된 양의 유속은 다음과 같다. 그림 1.4.1.1에 나타나는 것처럼 단위면적과 단위시간당의 유속으로 나타내면

① 용적의 흐름(유량) ; u
② 질량의 흐름 ; ρu
③ 운동량의 흐름(운동량 유속) ; $p+\rho u^2$
④ Energy의 흐름(Energy 유속) ; $(p+\rho gz+\rho u^2/2)u$
⑤ 용존물질의 흐름(s는 물질농도); su (1.23)

유체 중에 대상으로 하는 검사면 S를 가지고, 검사면 내의 용적 V에 있어서의 모든 양의 흐름에 관한 수지방정식은, (1.23)식의 양에 관해서 생각하여 보면

$$(\text{유입량})-(\text{유출량})+\left(\begin{matrix}V\text{내의 물입자에 직접,}\\ \text{외적으로 주어진 양}\end{matrix}\right)=(V\text{내의 증가량}) \tag{1.24}$$

여기서, 제3항 V내의 물입자에 직접 외적으로 주어진 양이라 하는 것은, V내의 물입자에 작용하는 중력이라든지, V내에서 그 양이 유출구와 유입구에서 나오고 들어가는 양(열 손실과 V내에 있는 물체의 영향도 포함하여)등이다. (1.23)식은 단위체적이 갖는 양에 단위면적, 단위시간당의 통과용적 u를 곱하여 얻을 수 있지만 ③의 운동유속 중 p에는 u가 곱해지지 않음에 주의해야 한다.

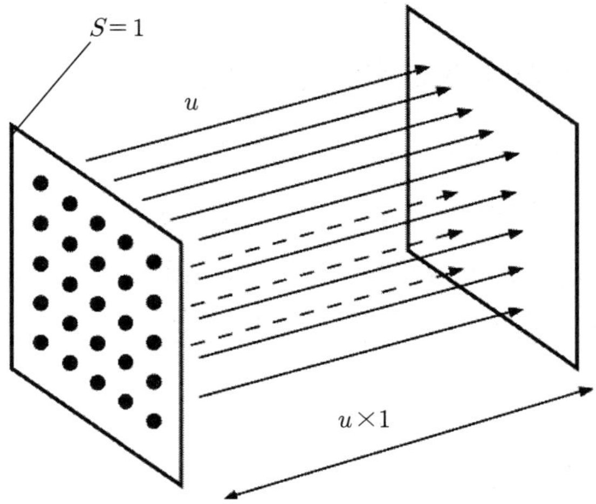

그림 1.4.1.1 단위면적과 단위시간당의 유속

1.4.2 유체의 운동과 변형

유체 중의 미소요소의 운동에 관하여 2차원으로 생각해 보자. 그림 1.4.2.1의 요소 $ABCD$가 δt시간 후에 $A'B'C'D'$로 이동했다. 이것은 압력과 점성에 의해 장방형으로 변형된 것이다. 지금 변형을 생각하기 위해서 A'를 A에 중첩하면 그림 1.4.2.2처럼 된다. 그림 1.4.2.1(b)에 나타난 것처럼 각 점의 유속은

$$A : u, v$$

$$B : u+\frac{\partial u}{\partial x}\delta x,\ v+\frac{\partial v}{\partial x}\delta x$$

$$D : u+\frac{\partial u}{\partial y}\delta y\ ,\ v+\frac{\partial v}{\partial y}\delta y$$

C점의 유속은, x방향에 관하여

$$\left(u+\frac{\partial u}{\partial x}\delta x\right)+\frac{\partial}{\partial y}\left(u+\frac{\partial u}{\partial x}\delta x\right)\delta y$$

$$=u+\frac{\partial u}{\partial x}\delta x+\frac{\partial u}{\partial y}\delta y+\frac{\partial^2 u}{\partial x\partial y}\delta x\,\delta y$$

여기서, $\partial x\partial y$는 아주 작은 양이라고 생각하여 고차의 미소량 $\partial x\partial y$항을 생략하면

$$u+\frac{\partial u}{\partial x}\delta x+\frac{\partial u}{\partial y}\delta y$$

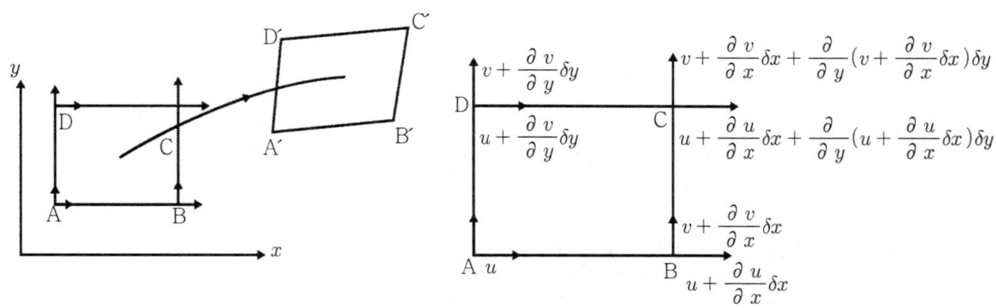

(a) (b)

그림 1.4.2.1 유체의 변형

y방향에 대해서도 같은 방법으로 하면

$$v+\frac{\partial v}{\partial x}\delta x+\frac{\partial v}{\partial y}\delta y$$

가 된다. 따라서 A, A'를 중첩한 그림은 1.4.2.2과 같이 된다. 여기서

단위시간당의 변형속도를 구하면 x, y방향의 증가율은 A와 B, A와 B'의 좌표차 및 A와 D, A와 D'의 좌표차로부터

$$\frac{\partial u}{\partial x}\delta x/\delta x=\frac{\partial u}{\partial x}$$

와 y방향의 증가율 $\partial v/\partial y$, BB', DD'의 각변형 θ_1과 θ_2는 δt가 대단히 작기 때문에 그림 1.4.2.2를 참조하여

$$\tan(\theta_1\delta t)=\theta_1\delta t=\frac{\partial v}{\partial x}\delta x\,\delta t/\delta x$$

$$\therefore\theta_1=\frac{\partial v}{\partial x}\ \text{같은 방법으로}\ \theta_2=\frac{\partial u}{\partial y}$$

그리고

$$\frac{\partial u}{\partial y}=\frac{1}{2}\left(\frac{\partial v}{\partial x}+\frac{\partial u}{\partial y}\right)-\frac{1}{2}\left(\frac{\partial v}{\partial x}-\frac{\partial u}{\partial y}\right)$$

$$\frac{\partial v}{\partial x}=\frac{1}{2}\left(\frac{\partial v}{\partial x}+\frac{\partial u}{\partial y}\right)+\frac{1}{2}\left(\frac{\partial v}{\partial x}-\frac{\partial u}{\partial y}\right)$$

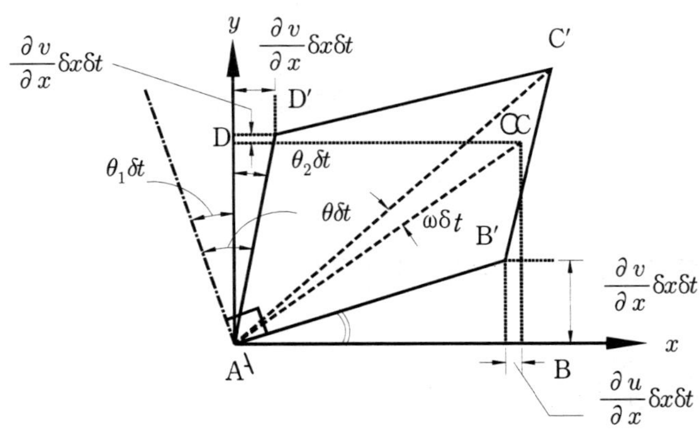

그림 1.4.2.2

라고 쓰면, 우변의 각 항은

$$\frac{1}{2}\left(\frac{\partial v}{\partial x}+\frac{\partial u}{\partial y}\right)=\frac{\theta_1+\theta_2}{2}$$
$$\frac{1}{2}\left(\frac{\partial v}{\partial x}-\frac{\partial u}{\partial y}\right)=\frac{\theta_1-\theta_2}{2} \quad (1.25)$$

이것은 그림 1.4.2.2에서 알 수 있는 것처럼 $(\theta_1+\theta_2)$는 전단변형 θ가 생기는 속도이고, $(\theta_1-\theta_2)/2$는 요소의 회전각속도(ω)를 나타내고 있다.

$$\omega=\frac{\theta_1-\theta_2}{2} \qquad \theta=\theta_1+\theta_2 \quad (1.26)$$

따라서, 유체는 이동, 회전, 신장, 전환운동을 하는 것을 알 수 있다.

1.4.3 포텐셜 운동

위치 Energy에 대해서 (1.11)식으로 설명했다. 이것은 중력에 의한 potential Energy(E_p)이다. (1.11)식에서 E_p는 높이 h만이 관계한다. 따라서 질량(m)의 물체가 h_1의 높이($h_1>h_2$)에서 h_2로 떨어졌다고 하면 손실된 potential Energy는 $mg(h_1-h_2)$이고, 이것은 경사면 위로 떨어지거나, 똑바로 떨어지거나 도중의 낙하 경로에는 관계하지 않는다. 그래서 Energy변화의 최대경사가 하나의 vector가 되는 경우 이 vector는 potential을 가진다고 한다.

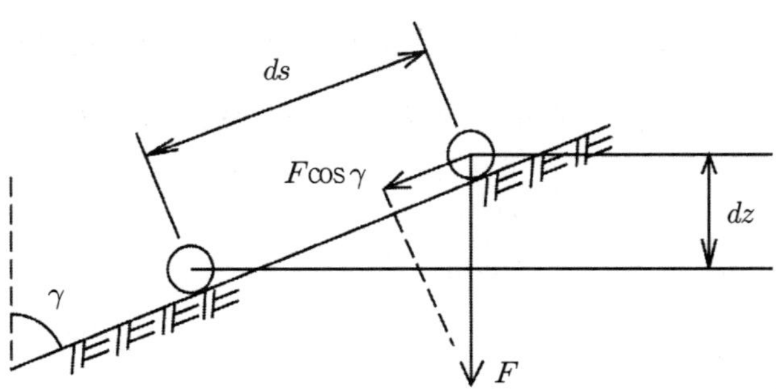

그림 1.4.3.1

중력의 경우 $E_p=mgz$이기 때문에 연직방향 z에 관한 Energy변화율은 최대로 $\frac{\partial E_p}{\partial z}=mg=F$이고 이것은 질량 m인 물체에 작용하는 중력 vector이다. 따라서 중력은 potential을 가지며 E_p는 중력 potential이라고 한다. 연직과 γ의 각을 이루는 사면을 이동할 때 E_p의 변화율은 그림 1.4.3.1의 기호를 이용하면

$$\frac{dE_p}{ds}=\frac{dE_p}{dz}\frac{dz}{ds}=F\cos\gamma$$

이기 때문에 E_p의 S방향의 변화율은 F의 S방향 성분이 된다. potential Energy가 감소하면 운동 Energy는 커지고 두 Energy의 합은 일정하다는 것을 (1.13)식으로 나타내었다. 그리고 어떤 scalar ϕ의 공간분포에 있어서 이 ϕ의 공간분포의 최대경사가 하나의 vector v가 될 때, v는 potential을 가진다고 하고 ϕ을 v potential이라고 한다. 유속이 potential ϕ를 가질 때 ϕ를 속도 potential이라고 한다. 이 때 x, y, z방향의 유속 u, v, w는 x, y, z방향의 ϕ의 경사로 나타내지기 때문에

$$u=-\frac{\partial\phi}{\partial x},\quad v=-\frac{\partial\phi}{\partial y},\quad w=-\frac{\partial\phi}{\partial z} \tag{1.27}$$

(−)부호는 potential이 감소하는 방향으로 흐름이 생김을 나타내 주고 있다. 속도 potential ϕ가 존재하는 조건은 u를 y로, v를 x로 편미분하여

$$\frac{\partial u}{\partial y}=-\frac{\partial^2\phi}{\partial x\partial y},\quad \frac{\partial v}{\partial x}=-\frac{\partial^2\phi}{\partial x\partial y}$$

$$\therefore\quad \frac{\partial u}{\partial y}=\frac{\partial v}{\partial x}$$

즉, 같은 방법으로

$$\frac{\partial v}{\partial x}-\frac{\partial u}{\partial y}=0 \tag{1.28}$$

$$\frac{\partial w}{\partial y}-\frac{\partial v}{\partial z}=0$$

$$\frac{\partial u}{\partial z}-\frac{\partial w}{\partial x}=0$$

이 성립된다. (1.25), (1.26)식에서 (1.28)식 좌변은 제1, 제2, 제3의 순서로 ($2wz$, $2wx$, $2wy$)이고 wz, wx, wy는 z축, x축, y축 둘레의 회전속도이다. (1.28)식은 요소의 회전운동이 없다는 것을 나타내고 있고 $2wz$, $2wx$, $2wy$를 와도라고 한다. 그리고 이 흐름이 potential로부터 유도한 때에는 회전운동이 발생하지 않는 것이 필요 충분조건이다. 따라서 (1.28)식은 속도 potential을 가진 흐름이며 속도 potential을 가진 흐름은 비회전운동이라는 것을 알 수 있다. 따라서 (1.19)의 3개의 운동방정식과 (1.20)식의 연속방정식으로부터 u, v, w, p의 4개의 미지량을 구할 수 있다. 그리고 (1.27)식을 연속방정식 (1.20)에 대입하면

$$\frac{\partial^2 \phi}{\partial x^2}+\frac{\partial^2 \phi}{\partial y^2}+\frac{\partial^2 \phi}{\partial z^2}=0 \tag{1.29}$$

이 얻어지고 이것을 Laplace 미분방정식이라 한다.

$$\nabla^2=\frac{\partial^2}{\partial x^2}+\frac{\partial^2}{\partial y^2}+\frac{\partial^2}{\partial z^2}$$

(1.29)을 연산자로서 표시하면

$$\nabla^2 \phi = 0 \tag{1.30}$$

이 된다.

1.4.4 흐름의 함수

비압축성유체의 2차원 흐름을 취급할 때 흐름함수(stream function)를 사용하는 경우가 있다. 그림 1.4.4.1에서 A, P사이의 흐름에 관해 A, P사이를 통과하는 유량을 생각하면 유선을 횡단하는 흐름은 없기 때문에 A, P사이에 어떠한 선을 그려도 이것을 통과하는 유량은 일정하다. A를 지나는 유선을 기준으로 하여 A, P사이의 유량을 ψ로 하고 이것에서 $\delta\psi$만큼 유량이 증가한 유선을 생각해 보자. 이 유선위의 점 P'를 P에서 x방향으로 취하면 PP'사이의 거리는 δx가 되고, δx면을 통과하는 유량은 $\delta\psi$이기 때문에

$$\delta\psi = -v\delta x$$

그리고, P에서 Y방향으로 P''를 취하면 PP''사이의 거리는 δy가 되고 이 면을 지나는 유량으로부터

$$\delta\psi = u\delta y$$

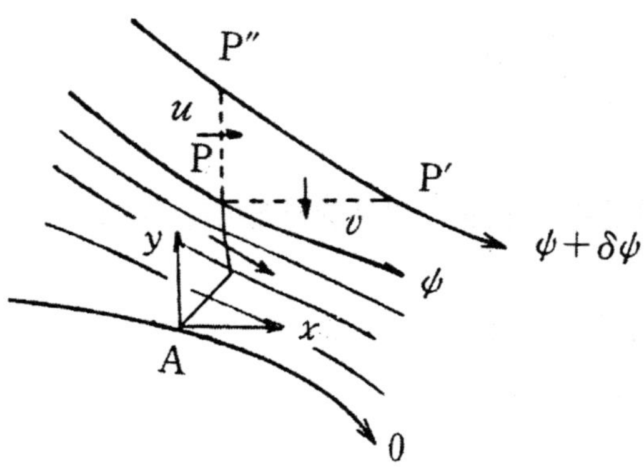

그림 1.4.4.1

두 식으로부터

$$u = \frac{\partial \psi}{\partial y}, \quad v = -\frac{\partial \psi}{\partial x} \tag{1.31}$$

가 성립한다. ψ를 흐름함수라고 한다. (1.27)식의 Potential 흐름은 소용돌이가 없는 흐름에 적용되지만 (1.31)식의 흐름함수는 소용돌이가 있어도 사용할 수 있다. 소용돌이가 없는 흐름은 (1.27)식과 (1.31)식에서

$$\frac{\partial \phi}{\partial x} = -\frac{\partial \psi}{\partial y}, \qquad \frac{\partial \phi}{\partial y} = \frac{\partial \psi}{\partial x} \tag{1.32}$$

가 되고, 이것을 Cauchy-Riemann의 미분방정식이라 한다. (1.31)식을 (1.28)식에 대입하면

$$\left.\begin{aligned} &\frac{\partial^2 \psi}{\partial x^2} + \frac{\partial^2 \psi}{\partial y^2} = 0 \\ &\nabla^2 \psi = 0 \end{aligned}\right\} \tag{1.33}$$

이 되어 속도 potential과 모양이 같은 Laplace의 미분방정식이 된다.

1.4.5 운동방정식

완전유체의 운동방정식은 1.2의 (1.19)식으로 구한다. 여기서는 점성을 무시하고 있기 때문에, 흐름의 전단변형은 (1.25), (1.26)식으로부터

$$\theta_1+\theta_2=\left(\frac{\partial v}{\partial x}+\frac{\partial u}{\partial y}\right)$$

전단력 τ는 $\tau=\mu\dfrac{du}{dy}$ 식으로부터

$$\tau_{xy}=\tau_{yx}=\mu\left(\frac{\partial v}{\partial x}+\frac{\partial u}{\partial y}\right)$$

이 얻어진다. 지금 x축에 수직한 면($\delta y\times\delta z$)를 x면이라 하면 첫 번째 첨자는 면을, 두 번째 첨자는 τ의 작용방향을 나타낸다. x방향의 전단력은 τ_{yx}, τ_{zx}이고

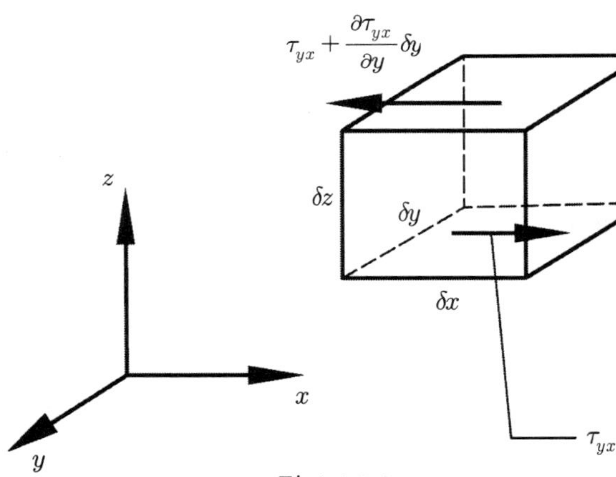

그림 1.4.5.1

그림 1.4.5.1의 y면($\delta x\times\delta z$)에서 x방향의 전단력은

$$\left\{\tau_{yx}-\left(\tau_{yx}+\frac{\partial\tau_{yx}}{\partial y}\delta y\right)\right\}\delta x\delta z=\frac{\partial\tau_{yx}}{\partial y}\delta V$$

가 된다. z면에서 x방향의 전단력도 같은 방법으로 하면

$$\frac{\partial \tau_{zx}}{\partial z}\delta V \tag{a}$$

가 된다. 따라서, (1.19)식은 x방향에 관하여

$$\frac{Du}{Dt}=F_x-\frac{1}{\rho}\left(\frac{\partial p_x}{\partial x}-\frac{\partial \tau_{yx}}{\partial y}-\frac{\partial \tau_{zx}}{\partial z}\right) \tag{1.34}$$

이 된다. (1.19)식은 점성을 무시했기 때문에 $p_x=p_y=p_z=p$ 라고 했지만 점성을 다루는 경우에는 x방향으로 신장된 변형 $\partial u/\partial x$의 영향을 받아 $p_x=p_y=p_z$의 평균치 p에서 변형되어

$$p_x=p-2a\frac{\partial u}{\partial x} \tag{b}$$

가 되고, 또 정수 a는 비압축성 유체일 때 u가 된다. (a), (b)식을 (1.28)식에 대입하고 (1.20)식을 이용하여

$$\frac{\partial}{\partial x}\left(\frac{\partial u}{\partial x}+\frac{\partial v}{\partial y}+\frac{\partial w}{\partial z}\right)=0$$

을 고려하면 (1.35)식이 얻어진다.

$$\frac{Du}{Dt}=F_x-\frac{1}{\rho}\frac{\partial p}{\partial x}+\frac{\mu}{\rho}\nabla^2 u \tag{1.35}$$

$$\frac{Dv}{Dt}=F_y-\frac{1}{\rho}\frac{\partial p}{\partial y}+\frac{\mu}{\rho}\nabla^2 v$$

$$\frac{Dw}{Dt}=F_z-\frac{1}{\rho}\frac{\partial p}{\partial z}+\frac{\mu}{\rho}\nabla^2 w$$

(1.35)식을 Navier-Stokes의 운동방정식이라 한다. (1.35)식과 연속방정식 (1.20)식을 이용하면 미지수 u, v, w, p가 얻어진다. 미분방정식은 대단히 작은 요소에 관한 식이기 때문에 실제로서는 여러 가지 현실의 형상과 지형 그리고 경계에 적합하도록 적분하지 않으면 안된다. 따라서 경계조건이 중요한 이유이다. 그래서 물체의 표면의 흐름에서는 (1.35)식을 그대로 이용하지만 난류영역에서는 흐트림의 작은 변동까지 취급할 수 없기 때문에 적당한 요소의 크기, 시간의 길이로 (1.35)식을 평균화하여 사용하는 것이 보통이다. 난류에서는 그림 1.4.5.2와 같이 평균유속 $\bar{u}$에 평행한 평면 S에 대하여, S를 횡단하는 흐름은 평균유속으로 볼 수 있지만, 실제는 난류유속 v'이고 운동량 $\rho\bar{u}$, $\rho(\bar{u}+u')$를 가진 물이 단위시간에 $u'v'$만큼 서로 혼합하여 운동량의 평균화가 생긴다. 평균흐름을 다루는 입장에서는 $u'v'$는 생각하지 않기 때문에 이 운동량의 평균화는 S면에 전단력 τ가 작용하여 일어난다고 가정하게 된다. 이 전단력(=접면응력)을 Reynolds응력이라 한다.

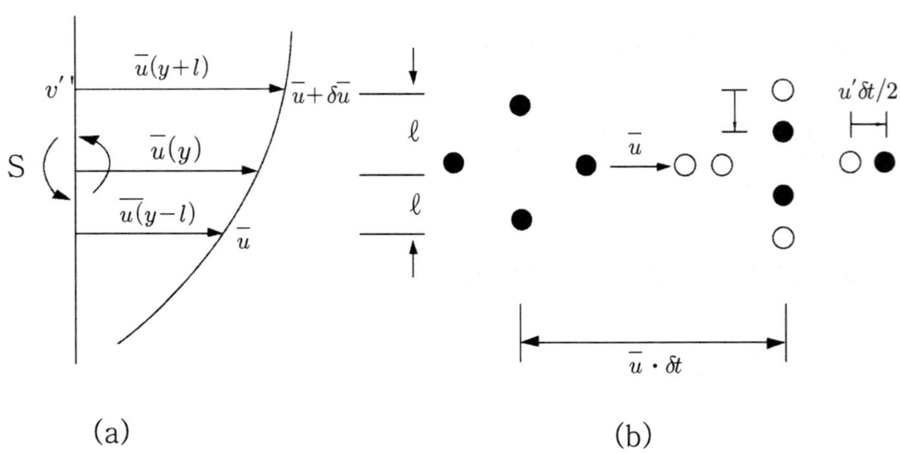

그림 1.4.5.2

$$\tau = -\rho \overline{u'v'} \qquad (1.36)$$

u'와 v'는 그림 1.4.5.2(b)에서 나타난 것처럼 $u'>0$일 때는 $v'<0$와 같이 반대가 되기 때문에 (1.36)식에는 (-)부호가 붙어 있다. 또 (b)그림에서 알 수 있는 것처럼 u'와 v'는 같은 차수(order)의 양이고, 난류의 크기는 평균흐름의 속도경사에 비례한다고 생각한다.

여기서, u', v'을 이론적으로 구하는 것은 많은 어려움이 있다. 그러므로 혼합거리를 이용하여 Reynolds응력을 평균유속으로 표현하는 Prandtl의 혼합거리 이론을 설명한다. 난류흐름에서 유체입자가 그 성질을 잃지 않고 이동하는 거리를 혼합거리(mixing length)라고 정의한다. 이것은 분자운동의 평균자유행점(mean free path)에 해당한다. 그림 1.4.5.2에서 나타난 것처럼 혼합거리를 l이라 하면, 임의의 위치 y에서 혼합하는 유체입자는 y위치로부터 l만큼 상하방향으로 떨어진 위치, 즉 $y \pm l$의 위치로부터 y위치로 이동한다고 생각할 수 있다. 또 유체입자는 각각 $y \pm l$의 위치에서의 속도를 유지한 채 y의 위치에 도달하게 된다. 따라서 상층($y+l$의 위치)으로부터 이동한 유체입자는 $\bar{u}+l\frac{d\bar{u}}{dy}$, 하층($y-l$의 위치)에서 이동한 유체입자는 $\bar{u}-l\frac{d\bar{u}}{dy}$의 속도를 갖고 이동하므로, 변동성분 유속 u'은 이들 두 층간의 속도차 $2l\frac{d\bar{u}}{dy}$에 의해서 발생한다. 이상의 설명으로부터 알 수 있는 바와 같이 임의점에서 생기는 유속 u의 변동성분 u'은 다음식의 관계를 갖는다고 보아도 좋다. 즉

$$u' \simeq v' \propto \frac{d\bar{u}}{dy}$$

이것을 (1.36)식에 대입하면

$$\tau = \epsilon \frac{d\overline{u}}{dy}, \quad \epsilon = \rho l^2 \frac{d\overline{u}}{dy} \tag{1.37}$$

이 된다. ϵ:와동점성계수, l :혼합거리라 하고 소용돌이의 크기에 관계하는 양이다. 또한, l은 벽으로부터의 거리 y에 비례하고 $l=ky$, $k=0.4$이고, k를 칼맨(Karman)상수라고 한다. $\tau = \mu \times du/dy$ 식과 (1.37)식을 비교하면 μ는 분자규모로 일어난 운동량의 평균화(유체역학에서는 분자운동은 다루지 않으므로 점성응력이라고 한다)이고 ϵ는 수괴규모로 일어난 운동량 평균화의 계수이다. μ는 분자운동의 크기, 즉 온도에 관계되는 유체의 특성치이다. ϵ은 흐름의 형태에 관계하는 양이기 때문에 취급에 주의를 할 필요가 있다. Reynolds 응력은 (1.18)식의 이류항(=관성항)에 의해서 일어나지만 적당한 요소의 크기와 시간길이의 평균량을 이용하면 (1.35)식은 (1.38)식이 된다. 여기서 bar가 붙은 것은 평균을 의미한다.

$$\frac{D\overline{u}}{Dt} = F_x - \frac{1}{\rho}\frac{\partial \overline{p}}{\partial x} + \frac{\varepsilon_x}{\rho}\nabla^2 \overline{u} \tag{1.38}$$

$$\frac{D\overline{v}}{Dt} = F_y - \frac{1}{\rho}\frac{\partial \overline{p}}{\partial y} + \frac{\varepsilon_y}{\rho}\nabla^2 \overline{v}$$

$$\frac{D\overline{w}}{Dt} = F_z - \frac{1}{\rho}\frac{\partial \overline{p}}{\partial z} + \frac{\varepsilon_z}{\rho}\nabla^2 \overline{w}r$$

와동점성을 생각할 때에는 분자점성은 생략한다. 해양 흐름의 기본식은 (1.38)식에서 평균치를 나타내는 bar를 생략하여 쓴다. 좌변은 가속도이기 때문에 우변의 F가 일어나는 현상을 나타내는 힘을 ρ로 나누어 정리하면 좋다. 지구자전에 의한 편향력을 대상으로 하면 코리오리 힘이 작용하고, 고조를 대상으로 하면 기압변화와 바람에 의한 해면마찰력이 작용하고 얕은 바다에서는 해저마찰력이 작용하게 된다. 또 우변의 마지막 항인

Reynolds 응력항은 그대로 취급되는 일은 적고 해저와 해면의 마찰로 바꾸어 사용한다. (1.38)식을 평균흐름으로 쓰면

$$\left.\begin{aligned}\frac{Du}{Dt} &= fv - g\frac{\partial\zeta}{\partial x} - \frac{1}{\rho}\frac{\partial p_a}{\partial x} + \frac{\tau_{sx}}{\rho h} - \frac{\tau_{bx}}{\rho h} \\ \frac{Dv}{Dt} &= -fu - g\frac{\partial\zeta}{\partial y} - \frac{1}{\rho}\frac{\partial p_a}{\partial y} + \frac{\tau_{sy}}{\rho h} - \frac{\tau_{by}}{\rho h}\end{aligned}\right\} \tag{1.39}$$

여기서, u, v는 x와 y방향의 연직평균유속, f : $2\omega\sin\phi$(Corioli parmeter), ω:지구의 자전각속도 $7.292\times10^{-5}\mathrm{sec}^{-1}$, ϕ:위도, g:중력가속도($9.8m/s^2$), ζ:기준면 (평균수면 또는 간조수면)으로부터 수면의 높이, h:기준면으로부터의 수심, p_a: 기압, τ_{sx},τ_{sy}: 바람에 의한 해면 마찰력의 x, y방향성분, τ_{bx}, τ_{sy}:해저마찰저항의 x, y방향성분, ρ:해수밀도이다.

■ **유동을 일으키는 힘**

해수의 유동을 일으키는 힘은 주동력(primary forces : 유동을 직접 일으키고 유지하는 힘)과 부차력(secondary forces : 유동의 결과로서 생기는 힘)으로 구분한다. 주동력(바람과 해면과의 상호작용에 기인)은 ①해면에 미치는 바람의 접선압력 ②해수의 밀도분포에 기인하는 힘 ③중력이다.

그리고 부차력으로는 ①지구자전에 의한 Coriolis 힘 ②마찰력(해수의 층 상호간 및 해수와 해저사이에 작용하는 힘) ③원심력이 있다.

지형류는 깊이 1500m의 수준면 위에서는 밀도뿐만 아니라 수압도 어디에서나 거의 같아 등압면과 등밀도면은 수준면이라고 생각하여도 관계가 없다. 이 등압면을 기본의 등압면 또는 무류면이라고 하고 이 무류면을 바닥으로 하여 난수주와 냉수주를 생각하면 이 경우 난수주는 냉수주보다 더 높게 쌓여 해면은 난수측에서 냉수측으로 경사진다. 이와 같이 압력의 기울기로 인

해 발생하는 흐름을 지형류 또는 밀도류라고 한다. 즉 압력 경도력과 Coriolis 힘에 의하여 발생하는 흐름을 지형류라고 한다.

■ **Coriolis 힘**

그림 1.4.5.3와 같이 각속도 ω로 돌고 있는 회전판위를 일정한 속도 v로 반지름을 따라 움직이는 물체를 생각하여 보자. 이때 물체가 시각 t에서 원점 A를 출발하여 미소시간 dt동안에 점 B까지의 거리 dr을 움직였다고 하자. 그동안에 B는 B'까지 각거리 $d\theta=\omega dt$만큼 회전한다. $dr=vdt$가 된다. $ds=drd\theta$, $ds=v(dt)\omega(dt)=\omega v(dt)^2$이다.

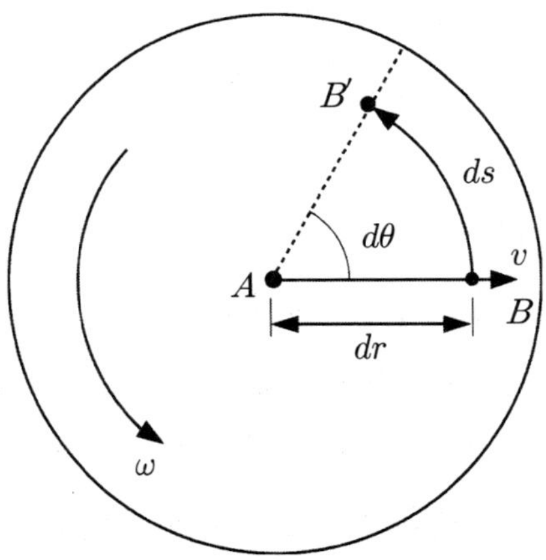

그림 1.4.5.3

Newton의 운동법칙에 의하면 어떤 물체가 일정한 가속도 a로 dt시간 동안 움직여 간거리

$$ds = \frac{1}{2}a(dt)^2 \text{ 이므로, } \frac{1}{2}a(dt)^2 = \omega v(dt)^2 \tag{1.40}$$

$a = 2\omega v$, $a\,Coriolis = 2v\omega$이다.

$2v\omega$는 극에서의 $Coriolis$의 힘이고 위도 θ를 가지는 곳의 각속도는 $\omega \sin\theta$이기 때문에 위도 θ에서 ($Coriolis$힘)$f = 2\omega\sin\theta v$로 된다.

북반구에서는 지구의 상태적인 운동방향에 대해 오른쪽으로, 남반구에서는 왼쪽으로 향해 작용한다. 항성이 어떤 지점의 자오선을 남중하는데 걸리는 시간을 항성일(恒星日)이라 하며, 23시간 56분 4.09초이다.

$2\omega\sin\theta$를 coriolis의 parameter라고 한다.

coriolis 힘의 x, y, z 성분 f_x, f_y, f_z는

$$f_x = 2\omega\sin\theta v - 2\omega\sin\theta w$$

$$f_y = -2\omega\sin\theta u$$

$$f_z = 2\omega\cos\theta u$$

$$\text{지구의 각속도 } \omega = \frac{2\pi}{86{,}164\text{sec}} = 7.29 \times 10^{-5}/\text{sec}$$

여기서, 86,164sec=(60×60×23)+(60×56)+(4.09)

f_z는 중력과 같은 방향으로 작용하며 g에 비하여 작기 때문에 해류를 생각할 때는 w가 v에 비하여 작기 때문에 f_x의 항중 $2\omega\cos\theta w$가 무시되며, f_z도 무시된다.

1.4.6 현상의 지배인자와 해석의 실제

일반적으로 어떤 현상은 몇 개의 조건이 관련하여 일어난다. 이 상호관련의 정도가 각각 같은 정도인 경우에는 현상은 불안정하고 재현과 예견이 곤란하다. 예를 들면 2층에서 떨어뜨린 종이조각의 착지점을 첫 번째 떨어뜨린 것과, 두 번 떨어뜨린 종이조각을 같은 지점에 떨어뜨리는 것은 어렵다. 그러나 철구라면 가능하다. 전자는 종이를 끌어당기는 지구의 인력에 대해 공기의 저항이 같은 정도로 작용하여 공기의 환경이 낙하경로에 복잡하게 작용하기 때문이고, 후자의 경우 철구에 작용하는 중력이 다른 인자에 대해 압도적으로 크기 때문이다. 유체의 경우도 마찬가지이다. 비압축성유체의 운동은 운동방정식(힘의 평형식), 연속방정식(물질량의 불변을 나타내는 식)으로 나타낸다. 지금, 운동방정식에 관하여 생각해 보자. F_x에 Corioli's force와 중력이 작용한다고 하면, x방향

$$\frac{\partial u}{\partial t}+u\frac{\partial u}{\partial x}+v\frac{\partial u}{\partial y}+w\frac{\partial u}{\partial z}=2\omega v\sin\varphi \tag{1.41}$$

$$-g\frac{\partial}{\partial x}\left(\frac{p}{\rho g}+z\right)+\frac{\epsilon_x}{\rho}\left(\frac{\partial^2 u}{\partial x^2}+\frac{\partial^2 u}{\partial y^2}+\frac{\partial^2 u}{\partial z^2}\right)$$

y, z방향도 같은 형태가 된다.

제1항은 유속(u, v, w)의 시간변화, 제2~4항은 유속의 장소적 변화를 나타내는 이류항이다. 좌변은 유체에 작용하는 가속도로 관성력을 나타낸다. 우변의 1항은 Corioli's force, 2항은 중력항이고, $(p/\rho g+z)$는 기준면으로부터 수면의 높이 (ζ)에서 기준면과 수면이 이룬 각의 x방향의 성분을 γ_x라고 하면

$$\frac{\partial}{\partial x}\left(\frac{p}{\rho g}+z\right)=\frac{\partial \zeta}{\partial x}=\sin\gamma_x \tag{1.42}$$

이다. 3항은 점성력으로 ϵ_x는 와점성계수이다. 이 항은 손실 Energy로서 소멸되어 실용상으로는 $\tau = \rho u^{*2} = f\rho u^2$식과 $h_f = k_f \frac{u^2}{2g}$으로 하면, (1.43)식과 같이 된다.

$$\frac{\epsilon_x}{\rho}\left(\frac{\partial^2 u}{\partial x^2} + \frac{\partial^2 u}{\partial y^2} + \frac{\partial^2 u}{\partial z^2}\right) = \frac{\tau_x}{\rho h} = g\frac{\partial h_f}{\partial x} \qquad (a) \qquad (1.43)$$

$$\tau_x = f\rho u^2 \qquad (b)$$

$$h_f = K_f \frac{u^2}{2g}, \quad K_f = \frac{2gn^2 x}{h^{4/3}} \qquad (c)$$

로 된다. 여기서, h는 수심이다.

하천수로와 아주 수심이 얕은 바다에서는 (c)식의 표현이 이용되고 수심이 10m 이상의 바다에서는 (b)식의 표현이 이용된다. 이때 f=0.0025~0.02이다. 그리고 (1.41)식의 좌변은 Euler의 가속도이고 우변의 힘은 질량 ρ로 나눈 것이다. 그리고 우변의 각각의 힘이 어떻게 운동의 변화(좌변)에 영향을 주는가를 생각해 보자. 기초방정식에서 각 항의 크기의 범위를 조사하는 일을 order estimate라고 한다.

(b), (c)의 경우에 대해서 생각해 보면, 해양의 흐름처럼 현상의 크기가 대단히 큰 경우에는

$$\frac{\partial}{\partial x} \gg \frac{\partial^2}{\partial x^2}$$

이기 때문에, 점성항은 중력항에 대해 생략하게 된다. 따라서 해양의 흐름에서 수괴 운동이 평형상태가 되려면

$$2\omega v sin\varphi - g\frac{\partial}{\partial x}(\frac{p}{\rho g}+z)=0 \tag{1.44}$$

$$v=\frac{g\sin\gamma_x}{2\omega\sin\varphi}$$

같은 방법으로 y방향에 대해서도 정리하면 방법

$$u=\frac{g\sin\gamma_y}{2\omega\sin\varphi}$$

그러므로

$$\left.v=\frac{g\sin\gamma_x}{2\omega\sin\varphi}\right\}$$

단, $\gamma(\gamma_x,\ \gamma_y)$는 수준면과 해면이 이룬 각이다. u, v는 각각 경각 γ_x, γ_y와 직각방향이고, 유속의 v의 방향은 γ의 주방향에 대해서, 북(남)반구에서는 우(좌)직각으로 흐름이 치우친다. 수로와 만의 확산에서 흐름은 크다고 할지라도 수 m/sec이고 수면경사는 10^{-4} 정도이기 때문에

$Corioli$항 : $2\omega v\sin\varphi$: $0(10^{-5})\,0(10^{0})=0(10^{-5})$[2)]

중력항 : $g\sin\gamma$: $0(10^{1})\,0(10^{-4})=0(10^{-3})$

이 되어 $Corioli$의 항은 중력항에 대하여 생략된다. 비행기속에 수조가 있으면 v가 크고 $0(10^2)$이 되면 $Corioli$항은 $0(10^{-3})$이 되기 때문에 $Corioli$항은 상대적으로 커질 것이다.

평형상태에 있는 수로의 흐름에서 $Corioli$항은 생략되기 때문에 (1.41

---

2) :10^{-5}은 0.00001인 것을 $0(10^{-5})$이라고 쓴다.

$$-g\frac{d}{dx}\left(\frac{p}{\rho g}+z\right)+\frac{\varepsilon_x}{\rho}(\frac{d^2u}{dx^2})=0$$

$$g\frac{d\zeta}{dx}=g\frac{2gn^2}{R^{4/3}}\frac{u^2}{2g}$$

로 된다. 여기서 (1.43)식 (c)식의 수심 h는 수로의 경우에는 경심 R이 된다. 따라서

$$u=\frac{1}{n}R^{2/3}I^{1/2}$$

$$I=d\zeta/dx$$

좌변의 각 항에 관해서도 같은 모양으로 취급할 수 있다.

$$\frac{Du}{Dt}=\frac{\partial u}{\partial t}+u\frac{\partial u}{\partial x}+v\frac{\partial u}{\partial y}+w\frac{\partial u}{\partial z}$$

에 관하여 보통 중력파를 생각하면 파운동의 유속은 10^{-1}(수십 cm/sec), 주기는 10초 전후로 10^1, 파장은 100m전후로 10^2order이기 때문에

$$\begin{aligned}\partial u/\partial t &: 0(10^{-1})/0(10^1)=0(10^{-2})\\ u\partial u/\partial x &: (10^{-1})(10^{-1})/10^2=(10^{-4})\end{aligned}$$

이고, 제1근사로서

$$\frac{Du}{Dt}=\frac{\partial u}{\partial t} \tag{1.45}$$

라 해도 좋을 것 같다.

〈예제 1.4.6.1〉 보통 중력파를 생각하면 파운동의 유속이 20cm/sec, 주기 10초, 파장 100m일 때 장소적 이류항이 생략할 수 있는지 증명하시오.

조석현상에서 현상의 크기는 유속 100, 주기 10^4이고, 만의 크기 10^4 (10km)정도에서는

$$\partial u/\partial t \ : \ 0(10^0)/0(10^4)=0(10^{-4})$$

$$u\partial u/\partial x \ : \ 0(10^0)0(10^0)/0(10^4)=0(10^{-4})$$

과 같기 때문에 비정상항도 이류항도 모두 취급할 필요가 있다. 어장의 크기가 수백 m의 양식장에서 x의 규모는10^2이기 때문에

$$u\partial u/\partial x \ : \ 0(10^{-2})$$

가 되고, 이 경우에는 비정상항 $\partial u/\partial t$는 생략할 수 있고 흐름에 따른 시간적 변화는 경계조건 변화로서 주어지는 정상적 비정상류의 취급이 가능하게 된다.

x의 규모가 수백 km가 된다면

$$u\partial u/\partial x \ : \ 0(10^0)0(10^0)/0(10^5)=0(10^{-5})$$

이 되고, 앞의 *Corioli*항 (*Corioli*의 가속도라고도 한다)과 같은 order의 항이 되어 생략할 수 없게 된다.

이처럼 운동방정식이 비선형 미분방정식이기 때문에 각종 문제에서 정확한 해를 얻을 수 있는 일은 거의 없다. 따라서 무엇을 얻고자 하는가 라고 하는 기준에서 정확하게 다루는 것이 필요하다.

(예제 1.4.6.2) 조석현상에서 조유속이 120cm/sec, 주기가 1일 2회조 이고, 만의 크기 10^4(10km)정도에서 장소적 이류항이 생략할 수 있는지 증명하시오.

1.5 파의 이론

1.5.1 파동역학의 기초

엄밀한 정의는 아니지만, 공간의 어느 점을 중심으로 해서 일정 시간 간격으로 주기운동을 반복하는 현상을 진동(vibration, oscillation)이라 하고, 그때의 시간 간격을 진동의 주기(period)라 하며, 일반적으로 기호 T로 표시한다. 수파(water wave)는 물이라고 하는 매질에 의해 물리적 상태가 전파하는 현상이다. 매질의 운동 변위의 방향이 파동의 전파방향과 일치하는 경우를 종파(longitudinal wave)라하고, 서로 직교하는 것을 횡파(transverse wave)라고 한다. 바람이 발생하면 풍압에 의해 파랑이 생기며 그 크기는 파장과 파고에 의해 정해진다. 이러한 파랑이 발생하는 해면은 해상과 해안으로 구분된다. 해안에서는 다가와서 부서지는 파가 끊임없이 계속되고 있다. 다가오는 파의 속도는 파속이지 물이 밀어닥치는 것은 아니다. 그리고 대부분의 경우 파는 바람으로부터 Energy를 받아서 파를 일으키고, 여름에 토용파(너울)라고 불리는 파는 먼 남쪽의 바다에서 발생한 것이 먼거리를 전파해 온다. 그리고 지진에 의해 발생하는 쓰나미(津波)도 있다. 그리고 파 Energy는 높은 파고로 인해 많은 피해를 가져 오지만 연안의 정화에는 크게 기여하고 있다.

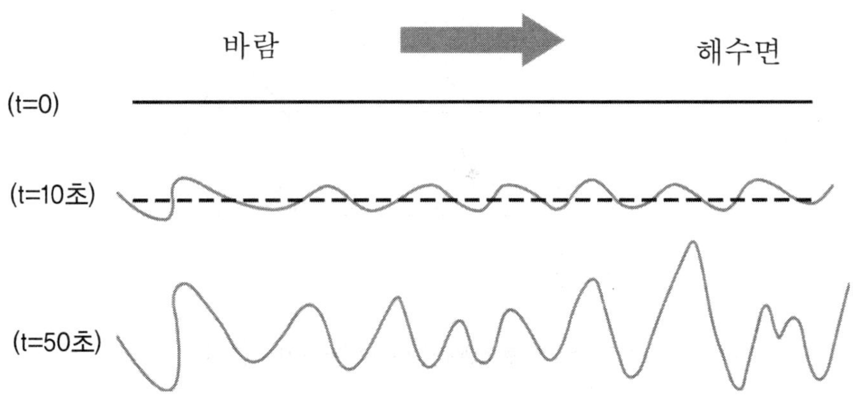

그림 1.5.1.1 바람으로부터 Energy를 받아서 파를 형성

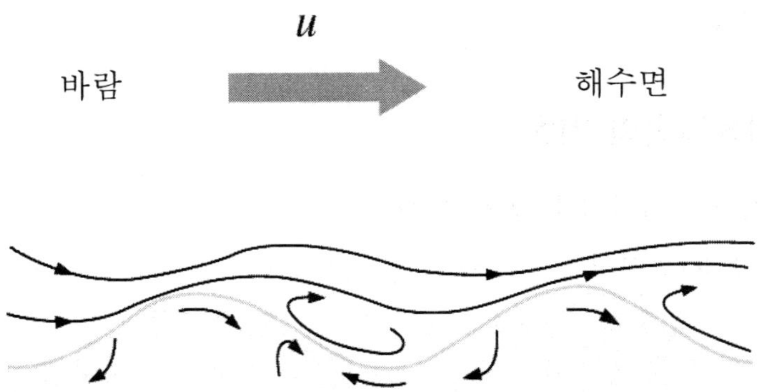

그림 1.5.1.2 파의 발생과정

① 파랑의 제원 및 용어설명

- 파향(direction of wave propagation) : 파랑의 이동방향
- 파속(wave speed or celerity) : 파형이 전진하는 속도(c)

$$C = \frac{L}{T}(m/\sec)$$

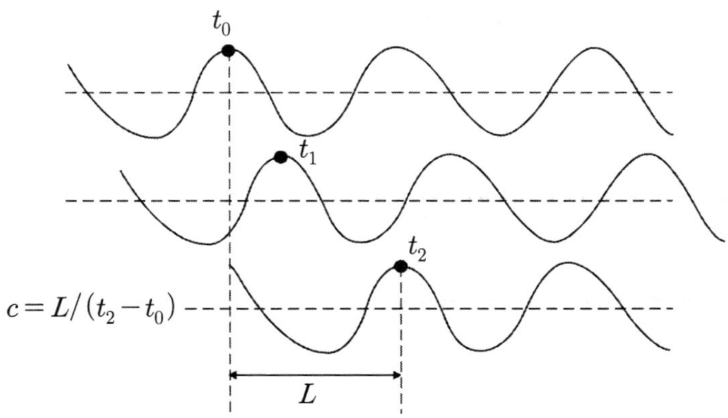

그림 1.5.1.3 파속(wave speed or celerity)의 형태

- 파장(L) : 파봉(wave crest)에서 다음 파봉까지의 수평거리(m)

- 파고(H)(wave height) : 파봉과 파곡(wave though)의 수직높이(m)
- 주기(T)(period of wave) : 연속하여 파봉 또는 파곡이 한 고정점을 통과하는데 요하는 시간(sec)
- 파형경사(H/L) : 파고와 파장과의 비

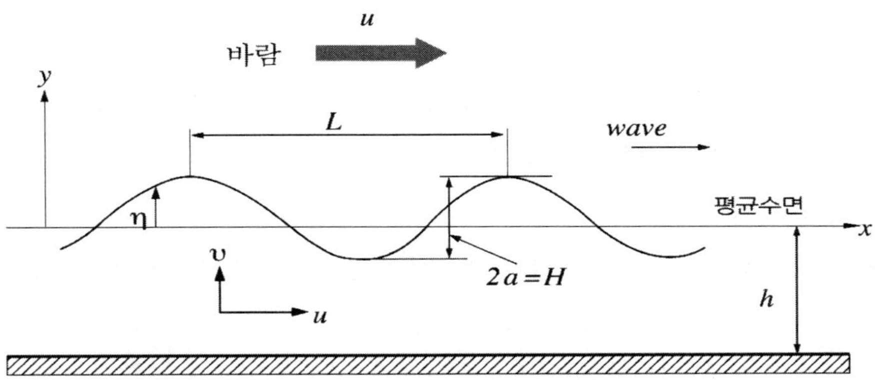

그림 1.5.1.4 파의 제원

1.5.1.1 수파(water wave)의 분류

파동은 여러 종류의 측면에서 분류할 수 있다. 파동의 원인인 외력과 운동의 현상면에 관한 분류, 수심과 파장의 관계에 의한 분류, 주기성의 측면에 의한 분류, 취급하는 이론적 관계에 따른 분류 등이 있다. 단, 엄밀한 정의를 내리기는 불가능하기 때문에 저자에 따라서 다소 다른 분류방법을 사용하고 있는 경우도 종종 있다.

- 표면장력파 : 가장 주기가 짧은 파. 주기 0.07초 이하, 파장 1.7~3cm 이하
- 풍파와 너울 : 해면에 부는 바람의 작용으로 발생한 파를 풍파(wind waves)라 하고, 풍파가 발생하고 있는 해면을 풍역이라고 한다. 풍파가 풍역을 벗어나서 진행하는 파를 너울(swell)이라 한다. 풍파와 너울을 포함해서 파랑(ocean waves)이라고 말할 때도 있다. 풍파의 발생초기에는 표면 장력의 작용에 의한 주기 0.1초 이하의 표면장력파

(capillary wave)가 발생한다. 표면장력파에 중력의 작용이 더해지면 주기 약 0.3초 정도까지의 파로 성장한다. 이것을 리플(ripples)이라고 한다. 바람의 작용으로 파가 더욱 발달하면 주기는 10~15초 정도의 풍파로 되어 파고도 커지게 된다. 파고가 37m 이상이 된 경우도 있다. 이들 풍파가 풍역 밖으로 진행하면 위에서 서술한 것처럼 너울이 되는 경우도 있다.

■ 장주기파(해면진동, 해일 : 지진해일, 고조 : 폭풍해일, 조석) : 방재상 또는 연안개발이나 환경 보전상 중요하다.

■ 파랑 = 풍파 + 너울

■ 쓰나미(tsunami) : 해저의 화산 폭발, 함몰, 융기(隆起)등에 의해 발생되며 이 중에서 해저지진으로 인한 것이 대다수이고 그 주기는 수분에서 수십분 정도의 파랑이다.

■ 정진(부진동) : 만과 호수가 십 내지 수십 분의 주기로 수면 변동을 일으키고 있는 경우가 있는데 이것을 정진(seiche)이라 한다. 바람과 기압의 변동 혹은 먼 바다측의 장주기파에 의해 발생되는 경우도 있다. 유사한 것 중에 부진동이 있는데 정진이 호수의 입구가 좁은 만 등으로 막힌 수역의 수면 변동임에 대해, 부진동은 만 입구 등이 비교적 넓은 경우이다. 이러한 부진동도 현재는 정진이라고 부르고 있다. 복원력은 중력이기 때문에 장주기 중력파라고도 한다.

■ 쇄파 : 존재 가능한 최대한의 파를 최고파(highest wave)라고 하는데, 최고파에 도달하면 파는 부서진다. 이처럼 부서지는 파를 쇄파(breaker)라고 한다.

■ 조석 : 조석(tide)은 일반적으로 잘 알려져 있는 해면의 규칙적인 승강운동이다. 해면이 최대로 된 상태를 고조(hight tide)라 하고, 최소로 된 상태를 저조(low tide)라고 부른다. 보통은 1일 2회의 해면승강이 있지만, 1일 1회의 승강을 보이는 것도 있다. 고조(혹은 저조)가 발생

하는 시간간격은 평균해서 12시간 25분이고 1일 1회의 승강인 경우에는 24시간 50분이 되며, 한지점의 해역에서 고조와 저조의 발생시각은 매일 50분만큼 늦어지게 된다.

- 취송거리와 취송시간 : 바람에 의해 파랑이 발달하기에는 어느 시간만큼 계속 불어야 하며 이 시간을 취송시간이라고 한다. 또 파랑은 충분한 시간만큼 바람의 작용을 받기 위해서는 그 사이의 파랑이 진행하여야 하는 거리의 해역이 필요하며 파랑이 바람을 받아 발달하면서 진행하는 거리를 취송거리라 한다. 취송거리를 구하기 위해서는 천기도를 사용하는 다음의 두 가지 경우가 있다. 대안거리가 취송거리에 비해 작을 때는 그 방향의 대안거리를 취송거리로 한다.

가. 수심에 의한 분류

파랑이 전파되는 해면의 수심과 파장의 비에 따라 파랑의 운동 및 모양이 달라지며, 수심과 파장의 비(h/L)에 의해 심해파, 천해표면파, 장파로 분류하는 것이 보통이다. 심해파는 수심이 깊은 심해에서 일어나는 파로서 최대진폭이 수평진폭과 큰 차이가 없으며, 진폭과 파장은 수심에 비해 아주 작아 파랑의 운동이 해저까지 미치지 못하여 수심의 영향을 받지 않는다. 일반적으로 심해파(Deep water wave)의 한계는 수심이 파장의 1/2이상, 즉 $h/L > 1/2$이다. 천해표면파(transitional wave)는 수직 진폭이 수평방향의 진폭에 비해 작으며 파장에 비해 수직진폭이 아주 작고, 파장은 수심에 비교될 만큼 큰 경우인데 그 한계는 일반적으로 파장의 비가 $1/25 < h/L < 1/2$이다. 장파(long wave)는 수심에 비하여 파장이 아주 크고, 수직 진폭이 수평방향의 진폭에 비해 아주 작은 것을 말하며 따라서 수직속도가 수평속도에 비해 아주 작은 파임을 알 수 있다. 이러한 장파는 수심이 파장의 1/25, 즉 $h/L < 1/25$이며 바다 표면에서 천해까지 거의 같은 모양으로 운동하므로 수심의 영향을 받는다. 조석, 고조(高潮), 쓰나미(津波) 등은 장파 영역에 속하며 표면장력파나 풍파, 잔물결 등은 심해파이다.

※ 장파나 천해표면파를 합하여 천해파라 할 수 있다.

※ 수분자의 운동궤도는 심해파에서는 원형이고 천해파에서는 타원형이다.

나. 파형(波形)에 의한 분류

① 진행파 : 파형이 파랑의 진행 방향으로 장애물이 없이 차례로 진행하여 가는 것을 진행파(progressing wave)라 하며 장해물에 부딪혀 반사되어 반사방향으로 진행하는 것을 후퇴파라 한다.

② 중복파 : 진행파가 장애물에 부딪쳐 반사된 후퇴파가 중복되는 것을 중복파라 말하며 파동의 성질은 정상파이다.

다. 파의 주기에 의한 분류

파의 주기, 즉 파봉의 정점을 지나 다음 파봉을 형성하기까지의 시간 간격인 주기에 의해 분류하면 다음 그림 1.5.1.1.1과 같다.

① 표면장력파(capillary wave) : 풍속 약 1m/sec 정도에서 일어나는 표면파로서 중력보다는 표면장력이 주가 되며 주기는 0.1sec 이하이고, 파장은 1.7～3cm 이하이다.

② 단주기표면파 : 바람에 의해 일어나는 파로서 주기는 0.1～1sec이며 폭풍역에서 생성되는 파를 말한다.

③ 보통표면파 : 풍속 6～7m/sec 이상의 바람에 의해서 생기는 표면파로서 주기는 1～30sec이며 보통 바다에서 볼 수 있다. 보통 5～15sec의 주기를 갖는 것이 많으며 풍랑 발생역에서 벗어나는 선행 나불이 이에 속한다.

④ 장주기표면파 : 풍파가 변질이 되고 해면 동요를 수반하며 주기의 범위는 30sec～5min 이다.

⑤ 장주기장파 : 주기의 범위는 5min～12시간으로서 기상상황과 관련되

며 지진파, 기상조 등이 이에 포함된다.

⑥ 조석파 : 달과 태양의 인력으로 인한 기조력에 의하여 일어나는 장파 즉 조석을 말하여 주기의 범위는 12~24시간이다.

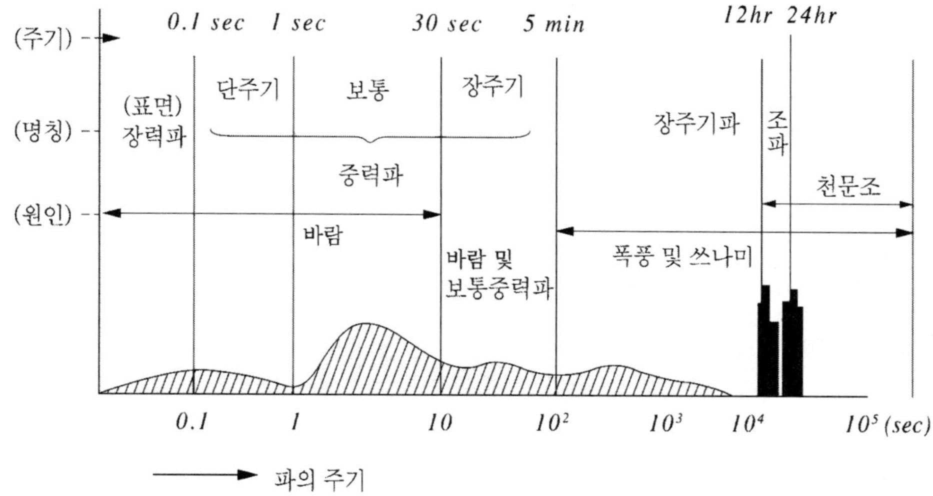

그림 1.5.1.1.1

1.5.1.2 파의 식

파의 분포형 $\zeta = f(x,\ t)$는 변하지 않으면서 시간과 같이 진행하는 것이고 $\zeta = f(x,\ t)$가 그림 1.5.1.2.1처럼 변하지 않기 위해서는

$$\zeta = f(x - ct)$$

이면 된다. 왜냐하면 이 식에서 δt시간, 파가 진행한 뒤의 형태는 x가 $c\delta t$, t가 δt증가하기 때문에

$$f\{(x + c\delta t) - c(t + \delta t)\} = f(x - ct)$$

가 되어 변하지 않는다. 파속 c가 x와 반대방향일 때는 $\zeta = f(x + ct)$가 되고 결국 파를 나타내는 식은

$$\zeta = f\,(x \pm ct) \tag{1.46}$$

이고, $x \pm ct$의 형태를 갖는 것이 파의 필요충분조건이 된다. 즉, $\eta = x \pm ct$인 η를 변수로 가진 함수는 모두 파동방정식이다. (1.46)식을 만족하는 파동방정식은 $\zeta = f(\eta)$이기 때문에, $\eta = f(x - ct)$인 경우

$$\frac{\partial \zeta}{\partial t} = \frac{\partial \zeta}{\partial \eta}\frac{\partial \eta}{\partial t}$$

$$= \frac{\partial \zeta}{\partial \eta}(-c)$$

$$\frac{\partial^2 \zeta}{\partial t} = \frac{\partial}{\partial \eta}(-c\frac{\partial \zeta}{\partial \eta})\frac{\partial \eta}{\partial t} = c^2\frac{\partial^2 \zeta}{\partial \eta^2}$$

같은 방법으로

$$\frac{\partial \zeta}{\partial x} = \frac{\partial \zeta}{\partial \eta}\frac{\partial \eta}{\partial x} = \frac{\partial \zeta}{\partial \eta}$$

$$\frac{\partial^2 \zeta}{\partial x^2} = \frac{\partial}{\partial \eta}(\frac{\partial \zeta}{\partial \eta})\frac{\partial \eta}{\partial x} = \frac{\partial^2 \zeta}{\partial \eta^2}$$

따라서 위의 관계로부터

$$\frac{\partial^2 \zeta}{\partial t^2} = c^2\frac{\partial^2 f}{\partial \eta^2}, \qquad \frac{\partial^2 \zeta}{\partial x^2} = \frac{\partial^2 f}{\partial \eta^2}$$

로 된다. 윗식에서 $\partial^2 f\ /\partial \eta^2$를 소거하면

$$\frac{\partial^2 \zeta}{\partial t^2} = c^2\frac{\partial \zeta^2}{\partial x^2} \tag{1.47}$$

라고 하는 미분방정식이 얻어진다. 이것을 파동방정식이라고 한다. (1.47)식의 일반해는 물론 (1.46)식에서

$$\zeta = f(x - ct) + g(x + ct) \tag{1.48}$$

가 된다. $\zeta = f(x-ct)$를 진행파, $\zeta = g(x+ct)$를 역행파라고 한다. 같은 파형이 일정시간 T마다 혹은 일정간격 L마다 되풀이 될 때 $\zeta = f(x \pm ct)$를 주기함수 또는 주기파라고 한다.

$$\zeta = a\sin k(x - ct) \tag{1.49}$$

$$\zeta = a\cos k(x - ct)\}$$

는 주기파의 한 예이고 제 1식은 정현파, 제 2식은 여현파이다. ζ값이 x의 일정한 간격 L마다 나타나기 위해서는

$$kx = \frac{2\pi}{L}x \qquad \therefore k = \frac{2\pi}{L}$$

ζ의 값이 T마다 나타나기 위해서는

$$kct = \frac{2\pi}{T}t \qquad \therefore kc = \frac{2\pi}{T}$$

이면 된다. $kc = \sigma$라고 하면, 파속 c는 위의 2식에서 k를 소거해서 얻을 수 있다.

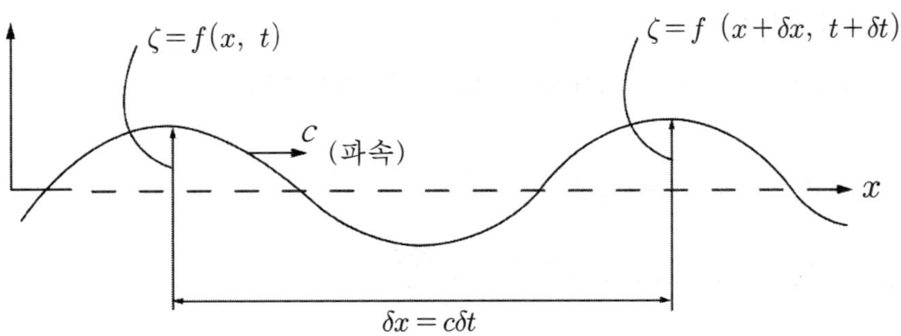

그림 1.5.1.2.1 파의 진행

$$k = \frac{2\pi}{L},\ \sigma = \frac{2\pi}{T},\ c = \frac{L}{T},\ kc = \sigma \tag{1.50}$$

L:파장, T:주기, σ:각주파수라고 한다. 그리고 $f=1/T$을 주파수, c:파속이라고 한다. 그러나 물이 진행할 때에는 c를 위상속도라고 한다. (1.49)식의 a를 진폭, $2a$를 파고 H라고 한다. (1.49)식은 σ를 이용하여 정리하면 다음과 같다.

$$\zeta = a\cos(kx - \sigma t)$$

〈예제 1.5.1.2.1〉 파고 4.0m, 파장 60m, 주기 9초의 sin파를 나타내는 진행파식을 구하라.

(풀이)

$\eta = asink(x-ct)$에서 진폭($a=2.0m$),파고($2a=H$),파수($k=2\pi/L$),

파속($c=L/T$),$\eta = 2.0\sin\frac{2\pi}{L}(x-\frac{L}{T}t) = 2.0\sin 2\pi((\frac{x}{L})-\frac{t}{T})$

$$\eta = 2.0\sin 2\pi(\frac{x}{60}-\frac{t}{9})$$

1.5.1.3 정상파

같은 파형의 주기파의 진행파와 역행파가 간섭하면

$$\zeta = a\cos k(x-ct) + a\cos k(x+ct) \tag{1.51}$$

$$= 2a\cos kx\cos kct = 2a\cos\frac{2\pi x}{L}cos\frac{2\pi t}{T}$$

로 된다. 이것은 $x=L/4,\ 3L/4,\cdots\cdots$로 항상 0에서 그림 1.5.1.3.1처럼 되고, 파동은 진행하지 않는다. 이것을 정상파라고 한다. 진폭은 2배가 된다. 그리고 (1.51)식은 벽면에서 파가 완전 반사한 상태이고 이것을 중복파라고 한다.

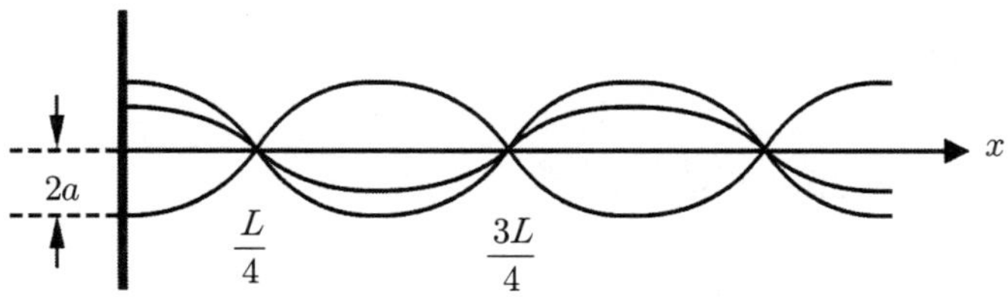

그림 1.5.1.3.1 파의 중복

1.5.1.4 군파

파장과 주기가 조금 다른 진행파가 간섭하면

$$\zeta = a\cos k_1(x-c_1t) + a\cos k_2(x-c_2t) \tag{1.52}$$

$$= 2a\cos\left(\frac{k_1-k_2}{2}x - \frac{k_1c_1-k_2c_2}{2}t\right)\cos\left(\frac{k_1+k_2}{2}x - \frac{k_1c_1+k_2c_2}{2}t\right)$$

$$= 2a\cos\frac{k_1-k_2}{2}\left(x - \frac{k_1c_1-k_2c_2}{k_1-k_2}t\right)\cos\frac{k_1+k_2}{2}\left(x - \frac{k_1c_1+k_2c_2}{k_1+k_2}t\right)$$

제1괄호의 cos의 파장과 주기는 제2괄호의 값에 비해서 대단히 크기 때문에 그림 1.5.1.4.1처럼 된다.

$$\zeta_G = 2a\cos\frac{k_1-k_2}{2}\left(x - \frac{k_1c_1-k_2c_2}{k_1-k_2}t\right) \tag{1.53}$$

로 되며 이것을 군파라고 한다. 개개의 파속 c_s는

$$c_s = \frac{k_1 c_1 + k_2 c_2}{k_1 + k_2}$$

로 된다. 그리고

$$(c_1, k_1) = (c + \delta c/2,\ k + \delta k/2)$$

$$(c_2, k_2) = (c - \delta c/2,\ k - \delta k/2)$$

라고 하면,

$$c_s = \frac{(k + \frac{\delta k}{2})(c + \frac{\delta c}{2}) + (k - \frac{\delta k}{2})(c - \frac{\delta c}{2})}{k + \frac{\delta k}{2} + k - \frac{\delta k}{2}}$$

$$= \frac{2kc + \delta c \delta k}{2k} = c \qquad (1.54)$$

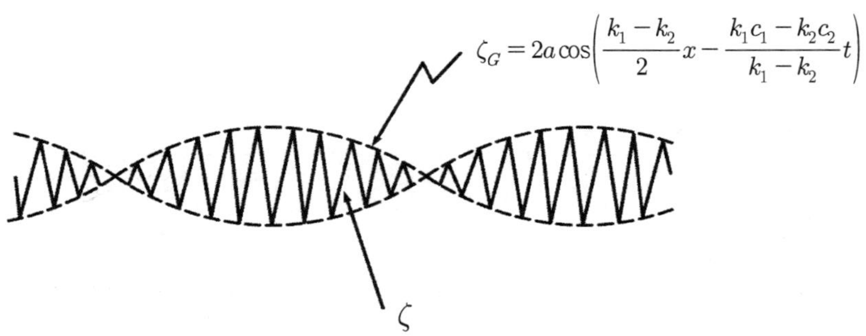

그림 1.5.1.4.1 군파의 형태

로 된다. 여기서, $\delta c\ \delta k$는 kc에 대한 고차의 미분항이기 때문에 생략한다.

군파의 파속 c_G는

$$c_G = \frac{k_1 c_1 - k_2 c_2}{k_1 - k_2}$$

$$= \frac{c \cdot \delta k + k \cdot \delta c}{\delta k}$$

$$= c + k \cdot \frac{\delta c}{\delta k} \qquad (1.55)$$

또는, $k = 2\pi / L$이기 때문에

$$\frac{dc}{dk} = \frac{dc}{dL} \cdot \frac{dL}{dk} = -\frac{2\pi}{k^2} \frac{dc}{dL}$$

$$\therefore c_G = c - L \frac{dc}{dL} \qquad (1.56)$$

로 구해진다.

〈문제 1.5.1.1〉 파속 $C = \sqrt{(g/t) \tanh kh}$를 미분하여 다음식을 구하라.

$$\frac{dC}{dk} = \frac{C}{2} \left[-\frac{1}{k} + \frac{2h}{\sinh 2kh} \right]$$

(풀이) 파속의 양변에 대수를 취하면

$$\ln C = \frac{1}{2} \left[\ln \frac{g}{k} + \ln(\tanh kh) \right]$$

k로 미분하면

$$\frac{2}{C} \frac{dC}{dk} = -\frac{1}{k} + \frac{h}{\tanh kh \cosh^2 kh}$$

쌍곡선 함수의 공식 $2\sinh kh\cosh kh = \sinh 2kh$를 이용하면 상기식은

$$\frac{dC}{dk} = \frac{C}{2}\left[-\frac{1}{k}+\frac{2h}{\sinh 2kh}\right]$$

가 된다.

1.5.2 중력파

(1) 기초방정식

그림 1.5.2.1에 나타난 것처럼 정수면에 원점을 취하여 윗쪽에 z, 오른쪽으로 x를 취하면 운동방정식은 (1.19)식으로부터

$$\frac{Du}{Dt}= F_x - \frac{1}{\rho}\frac{\partial p}{\partial x}$$

$$\frac{Dw}{Dt}= F_z - \frac{1}{\rho}\frac{\partial p}{\partial z}$$

로 되며, F_x와 F_z는 이 경우 중력이므로 z축을 연직으로 하였기 때문에 $F_x = 0$, $F_z = -g$가 된다. 그리고 파의 경우 (1.45)식이 성립하기 때문에 운동방정식은

$$\left.\begin{aligned}\frac{\partial u}{\partial t}&=-\frac{1}{\rho}\frac{\partial p}{\partial x}\\ \frac{\partial w}{\partial t}&=-g-\frac{1}{\rho}\frac{\partial p}{\partial z}\end{aligned}\right\} \qquad (1.57)$$

연속방정식은 (1.20)식으로부터

$$\frac{\partial u}{\partial x}+\frac{\partial w}{\partial z}= 0 \qquad (1.58)$$

로 된다. (1.57)과 (1.58)식으로 파동해를 구할 수 있다. 그리고 (1.57)식의 제1식을 z로 미분하고, 제2식을 x로 미분하여 빼면

$$\frac{\partial}{\partial t}\left(\frac{\partial u}{\partial z}-\frac{\partial w}{\partial x}\right)=0 \tag{1.59}$$

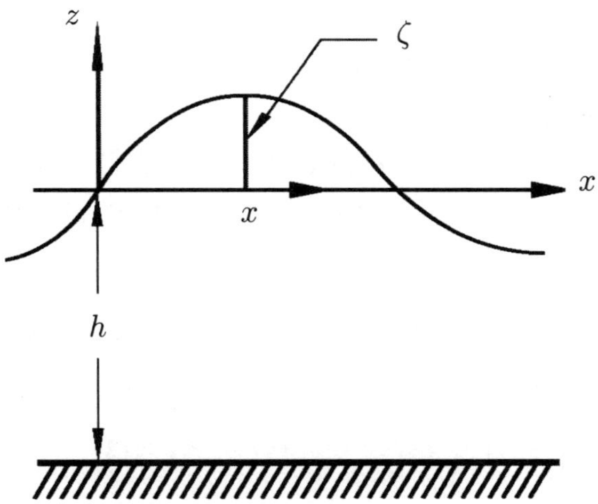

그림 1.5.2.1 파의 좌표

괄호속은 (1.28)에서 설명한 와도이기 때문에 (1.59)식은 와도가 시간적으로 변하지 않는다는 것을 나타낸다. 파 운동이 정지 상태에서 발생했다고 하면 정지 상태에서는 소용돌이가 없기 때문에 (1.59)식에서 이 운동은 소용돌이가 없는 운동이라는 것을 알 수 있다. 따라서 1.4.3에서 서술한 것처럼 이 운동은 속도 potential을 가진 (1.27)식이 성립된다.

$$u = -\frac{\partial \phi}{\partial x},\ w = -\frac{\partial \phi}{\partial z} \tag{1.60}$$

(1.60)식을 (1.58)식에 대입하면

$$\frac{\partial^2 \phi}{\partial x^2} + \frac{\partial^2 \phi}{\partial z^2} = 0 \tag{1.61}$$

이된다.

(2) 미소진폭표면파

수심이 깊은 경우의 파운동은 표면에서 깊어짐에 따라 작아진다. 이것을 표면파라고 한다. 그리고 쯔나미(津波)처럼 수심에 비하여 파장이 긴파를 장파라고 한다. 미소진폭파 이론은 수심이 h로 일정한 해역에 주기가 T이고 파고가 H인 파가 수면을 한쪽 방향으로 진행해 가는 연직 2차원 파동의 해를 구하는 파동이론이다. 미소진폭파 이론을 전개해 나가는 데 필요한 가정은 다음 다섯 가지 항목으로 요약할 수 있다.

1. 해수는 균질(homogeneous)이고, 비압축성(incompressible)이며 표면장력은 무시된다. 비압축성 유체의 가정으로부터 연속식은

$$\frac{\partial u}{\partial x} + \frac{\partial w}{\partial z} = 0$$

과 같이 된다. 여기서 u, w는 각각 x, z 방향의 수립자 속도이다. 그리고 표면장력이 무시되므로 주기는 1초 이상이어야 하고 파장은 약 3cm 이상의 파를 대상으로 한다.

2. 흐름은 비회전류(irrotational flow)로 가정한다. 대상으로 하는 파가 주기 1분이내의 중력파이므로 해저바닥의 극히 제한된 경계층을 제외하고,

점성효과를 무시할 수 있는 흐름영역에서는 비회전흐름의 가정이 유효하고, 또한 Euler방정식의 적용이 가능하다. 따라서,

$$u = -\frac{\partial \phi}{\partial x}, \qquad w = -\frac{\partial \phi}{\partial z}$$

으로 정의되는 스칼라 함수인 속도포텐셜 함수 ϕ가 존재한다.

3. 해저바닥은 수평하고 불투수층으로 구성되어 있다. 수심이 일정하므로 해저바닥은 수평하고, 또한 파의 반사가 이루어지지 않는다. 해저바닥이 불투수층으므로 바닥을 통해서 물의 유출입은 없다. 즉, 해저바닥에 수직한 방향으로의 속도성분이 존재하지 않는다.

4. 수표면에서 압력은 대기압으로서 일정하다. 따라서 바람에 의해서 유발되는 풍압이나 수면변동으로 인한 압력차는 무시된다.

5. 파의 진폭은 파장과 수심에 비해서 작다. 이것은 진폭을 a로 할 때 $a \ll L$, $a \ll h$ 으로 표현할 수 있는데 이것은 수립자 속도가 파의 전파속도 C보다 아주 미소하다는 것을 의미한다. 즉, 다음과 같이 표현할 수 있다. $u, w \ll C$위의 가정 4는 결국 수면 변동량 η가 작아서 근사적으로 $\eta \fallingdotseq 0$으로 놓을 수 있고 운동이 완만하여 수립자 속도 u, w의 자승항은 무시할 수 있으며, 수면경사 $\partial\eta/\partial x$ 작아서 이것과 속도와의 곱도 무시할 수 있다는 조건을 제시하는 것이다.

그리고 (1.61)식은 파동해를 구하는 식이지만, 속도 potential ψ를 다음의 형태로 할 수 있다. 그리고 $f(z)$를 (1.61)식을 만족하도록 정한다.

$$\phi = f(z)\cos k(x - ct) \tag{1.62}$$

아래식을 이용 정리하면

$(\cos(\theta_1 \pm \theta_2) = \cos\theta_1 \cos\theta_2 \pm \sin\theta_1 \sin\theta_2)$

$\phi = f(z)\cos kx \cdot \cos kct + \sin kx \cdot \sin kct$ 된다.

이것을 x, z로 두 번 미분하면

$$\frac{\partial\phi}{\partial x} = f(z)[-k\sin kx \cdot \cos kct + k\cos kx \cdot \sin kct]$$

$$\frac{\partial^2\phi}{\partial x^2} = f(z)[-k^2\cos kx \cdot \cos kct - k^2\sin kx \cdot \sin kct]$$

$$= -f(z)k^2[\cos kx \cdot \cos kct + \sin kx \cdot \sin kct]$$

$$= -f(z)k^2\cos(kx - kct) = -k^2 f(z)\cos(kx - kct)$$

$$\frac{\partial\phi}{\partial z} = \frac{df(z)}{dz} cos k(x - ct)$$

$$\frac{\partial^2\phi}{\partial z^2} = \frac{d^2f(z)}{dz^2} cos k(x - ct)$$

$$-k^2 f(z)\cos(kx - kct) + \frac{d^2f(z)}{dz^2} cos k(x - ct) = 0$$

$$-k^{2f(z)} + \frac{d^2f(z)}{dz^2} = 0 \qquad (1.63)$$

$f(z) = Ce^{\lambda z}$, $\frac{df(z)}{dz} = \lambda Ce^{\lambda z}$ 가정하면

$$\frac{d^2f(z)}{dz^2} = \lambda^2 Ce^{\lambda z}$$

대입하면

$$=-k^2Ce^{\lambda z}+\lambda^2Ce^{\lambda z}=0$$

$$=-k^2+\lambda^2=0\rightarrow\lambda^2-k^2=0$$

인수분해$\rightarrow(\lambda-k)(\lambda+k)=0$

$$\lambda=\pm k$$

$$f(z)=C_1e^{+kz}+C_2e^{-kz}$$

해저에서 $(z=-h)$이므로

$f(z)=C_1e^{+kz}+C_2e^{-kz}$는

$C_1e^{-kh}=C_2e^{+kh}=\dfrac{A}{2}$라 놓으면

$$\therefore C_1=\frac{A}{2}e^{kh}\qquad C_2=\frac{A}{2}e^{-kh}$$

$$f(z)=\frac{A}{2}e^{kh}e^{kz}+\frac{A}{2}e^{-kh}e^{-kz}$$

$$f(z)=\frac{A}{2}[e^{k(h+z)}+e^{-k(h+z)}]$$

$$=A\cosh k(h+z)$$

(1.62)식에 대입하면

$$\phi=A\cosh k(h+z)\cos k(x-ct)\qquad(1.64)$$

적분정수 C_1, C_2는 물밑의 조건에서 1개의 적분상수 A로 했다. A를 결정하기 위한 조건은 수면조건으로 정해진다.

(1.57)식에 (1.60)식을 대입하면

$$\left.\begin{aligned} -\frac{\partial^2 \phi}{\partial t\,\partial x} &= -\frac{1}{\rho}\frac{\partial p}{\partial x} \\ -\frac{\partial^2 \phi}{\partial t\,\partial z} &= -g-\frac{1}{\rho}\frac{\partial p}{\partial z} \end{aligned}\right\}$$

로 되며, 제1식에 dx, 제2식에 dz를 곱하여 더하면

$$-\left\{\frac{\partial}{\partial x}\left(\frac{\partial \phi}{\partial t}\right)dx+\frac{\partial}{\partial z}\left(\frac{\partial \phi}{\partial t}\right)dz\right\}=$$

$$-gdz-\frac{1}{\rho}\left\{\frac{\partial p}{\partial x}dx+\frac{\partial p}{\partial z}dz\right\}$$

로 되며, { }안은 $\partial\phi/\partial t$, p의 x, z에 관한 전미분이기 때문에

$$-d\left(\frac{\partial \phi}{\partial t}\right)=-gdz-\frac{1}{\rho}dp$$

x와 z에 관해 전미분으로 적분에 의한 적분상수는 x, z를 포함하지 않는 것에 주의하여 적분하면

$$\frac{\partial \phi}{\partial t}=gz+\frac{p}{\rho}+C(t)$$

로 된다. 적분상수 $C(t)$는 이 식이 ψ와 t에 관한 미분방정식이기 때문에 ψ를 포함해 두면 좋다. 따라서

$$\frac{\partial\phi}{\partial t} = gz + \frac{p}{\rho} \tag{1.65}$$

가 된다.

수면 ($z = \zeta$)에서 수압 $p = 0$이기 때문에 수면조건은

$$\frac{\partial\phi}{\partial t} = g\zeta, \qquad \zeta = \frac{1}{g}\frac{\partial\phi}{\partial t} \tag{1.66}$$

로 되며, (1.64)식이 (1.66)식의 수면조건을 만족시키는 것처럼 A를 정하면 좋다. (1.64)식을 t로 미분하고 (1.66)식에 대입한다. (1.64)식에서는 $z = \zeta$를 포함하지만 $\zeta \ll h$으로써 $\zeta + h \fallingdotseq h$라고 쓴다.

$$\zeta = \frac{Akc}{g} coshkh \ \sin k(x - ct) \tag{1.67}$$

ζ의 최대치 ζ_{max}와 최소치 ζ_{min}의 차는 파고 H가 되기 때문에

$$\zeta_{max} - \zeta_{min} = H = \frac{2Akc}{g} coshkh$$

로 된다. 따라서 $kc = \sigma$라고 하면

$$A = \frac{gH}{2\sigma \cosh kh} \tag{1.68}$$

A가 정해졌기 때문에 속도 potential ϕ는 (1.68)을 (1.64)식에 대입하면

$$\phi = \frac{gH}{2\sigma}\frac{\cosh k(z+h)}{\cosh kh} cosk(x - ct) \tag{1.69}$$

로 된다. ϕ가 구해졌기 때문에 파운동에 의한 유속 u, w는 (1.60)식으로 구해진다. 다음에는 파속, 파장, 주기에 관하여 구해 보자. (1.66)식에서

$$\frac{\partial \phi}{\partial t} - g\zeta = 0$$

양변을 t로 미분하고 $\partial\zeta/\partial t = w = -\partial\phi/\partial z$를 고려하면

$$\frac{\partial^2 \phi}{\partial t^2} + g\frac{\partial \phi}{\partial z} = 0$$

로 된다. 이 식에 (1.69)식을 대입한다.

$$-\frac{gH\sigma}{2}\frac{\cosh k(z+h)}{\cosh kh}\cos k(x-ct) +$$

$$\frac{g^2 Hk}{2\sigma}\frac{\sinh k(z+h)}{\cosh kh}\cos k(x-ct) = 0$$

표면조건이기 때문에 $z=\zeta$이고, $\zeta \ll h$를 고려하면 윗식은

$$-\sigma\cosh kh + \frac{gk}{\sigma}\sinh kh = 0 \qquad (1.70)$$

$$\therefore \sigma^2 = gk\tanh kh$$

(1.70)식을 분산방정식이라 한다.[3]

빛을 프리즘에서 보는 것처럼 주파수가 다른 파동은 굴절, 회절 등의 파동전파 특성을 정하기 때문에 (1.70)식을 분산방정식이라 부른다.

파속은 c는 (1.50)식에서

$$c = \frac{L}{T} = \frac{\sigma}{k}$$

이기 때문에

---

3) : σ는 각주파수((1.50)식 참조)이고 k는 파수이다.

$$c^2 = \frac{g}{k} tanhkh \tag{1.71}$$

또는

$$c = \sqrt{\frac{Lg}{2\pi} tanh \frac{2\pi h}{L}} \tag{1.72}$$

로 된다. $c = L/T$ 를 (1.71)식에 대입하면

$$L = \frac{gT^2}{2\pi} tanh \frac{2\pi h}{L} \tag{1.73}$$

이들 식으로 부터 주기: T, 파장: L, 수심: h의 관계를 알 수 있다. 이 값을 계산한 것이 표 1.5.4.1이다. (1.70)식을 (1.69)식에 대입하면 속도 potential ϕ는 다음과 같이 쓸 수 있다.

$$\phi = \frac{H\sigma \cosh k(z+h)}{2k \ \sinh kh} \cdot \cos k(x - ct) \tag{1.74}$$

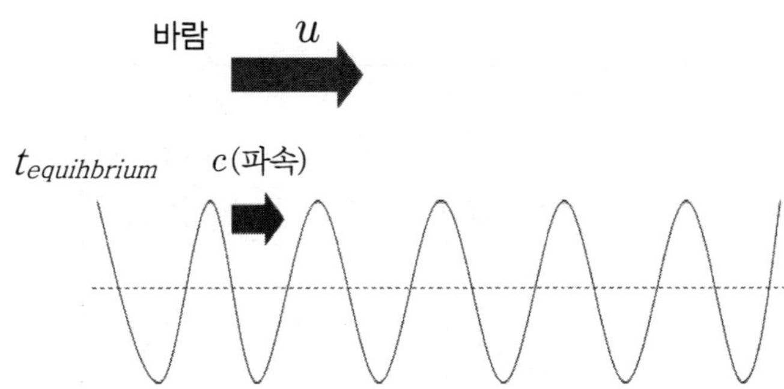

그림 1.5.2.2 파속은 풍속보다 빠를 수 없다

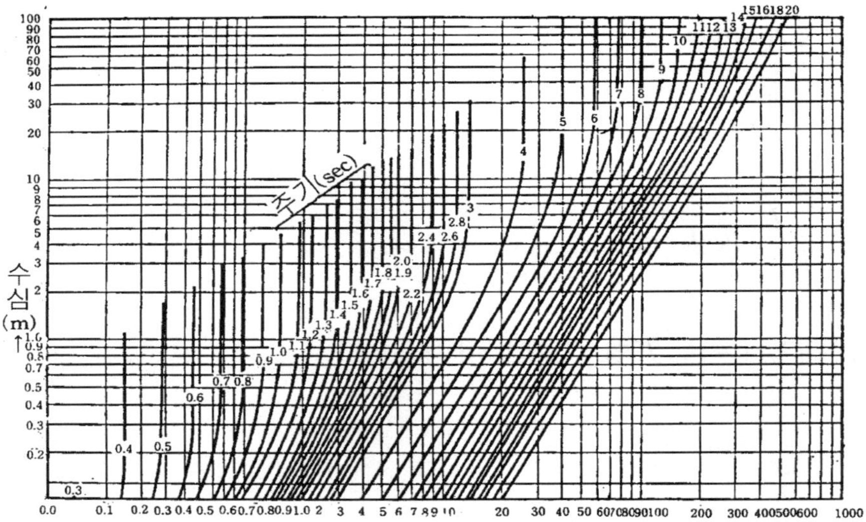

그림 1.5.2.3 파장과 수심과의 관계

〈예제 1.5.2.1〉 본문 중에 3가지 종류의 쌍곡선 함수 ($\cosh x$, $\sinh x$, $\tanh x$)가 이용되었는데, 이들 함수를 skech하시오.

(풀이) 결과는 $\cosh x$는 우함수, $\sinh x$와 $\tanh x$는 기함수이다. $\tanh x$는 $x \to \pm\infty$에 대하여 $\pm$에 점근한 $\sinh x$다.

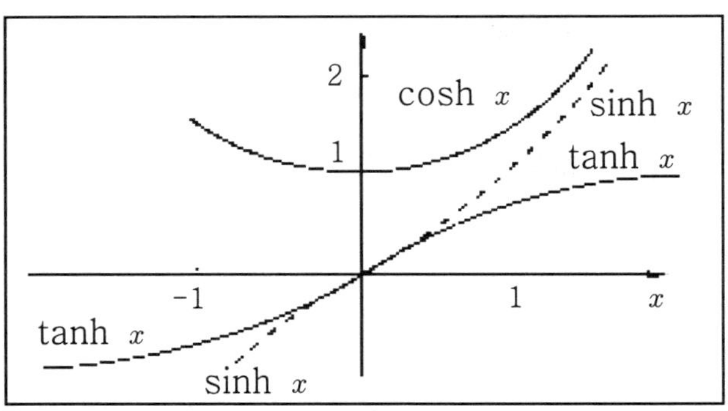

예제 1.5.2.1의 결과 그림

〈예제 1.5.2.2〉 주기 5초의 파가 수심이 5m인 해면 상을 진행하고 있다. 이때 파장(L)과 파속(C)을 구하시오. 그리고 천해파의 파속은 수심이 감소하면 증가하는가?, 감소하는가?, 또 주기가 길게 되면 어떻게 될 것인가 생각하라.

$$C = \sqrt{\frac{gCT}{2\pi} tanh \frac{2\pi h}{L}}$$

따라서 다음 식을 얻을 수 있다.

$$C = \frac{gT}{2\pi} tanh \frac{2\pi h}{L}$$

또, $C = L/T$로 두면

$$L = \frac{gT^2}{2\pi} tanh \frac{2\pi h}{L}$$

(풀이) 윗식과 $L = CT$의 관계로부터
심해파의 경우, $\tanh(2\pi h/L) \cong 1$이므로, 그 파장 L_0는 다음 식과 같이 된다.

$$L_0 = gt^2 / 2\pi$$

그리고 심해파의 파속 C_0는 $C_0 = gt / 2\pi$이므로 윗식으로부터

$$\frac{L}{L_0} = \frac{C}{C_0} = \tanh \frac{2\pi h}{L}$$

의 관계가 구해진다. 따라서 $L_0 \fallingdotseq 39.0m$, $C_0 \fallingdotseq 7.80m/s$, 그리고 우변의 파장 L의 제 1근사로서 L_0를 이용하면, L=26.0m, C=5.20m/s를 얻는다. 나아가서 이것들을 이용하여 제2근사를 구하면, L=32.6m, C=6.52m/s가 되고, 동일한 과정을 반복하면 L=30.3m, C=6.06m/s가 구해진다. (1.72)식에서 h와 L을 변화시켜 본다.

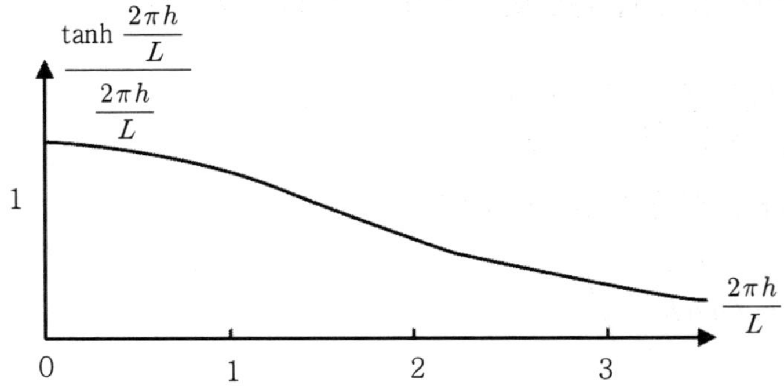

그림 1.5.2.4

지금까지 유도한 주요공식을 정리하면,

① 파형

(1.68)식을 (1.67)식에 대입하면

$$\left.\begin{aligned} \zeta &= \frac{H}{2}\sin(kx - \sigma t) \\ k &= \frac{2\pi}{L}, \quad \sigma = \frac{2\pi}{T} \end{aligned}\right\} \tag{1.75}$$

로 된다.

표 1.5.4.1(a) 수심-주기-파장-파속의 관계

주기(s) / 수심(m)	3		4		5		6		7		8		9		10	
	파장 (m)	파속 (m/s)	파장 (m)	파속 (m/s)	파장 (m)	파속 (m/s)	파장 (m)	파속 (m/s)	파장 (m)	파속 (m/s)	파장 (m)	파속 (m/s)	파장 (m)	파속 (m/s)	파장 (m)	파속 (m/s)
0.5	6.39	2.13	8.67	2.17	10.92	2.18	13.16	2.19	15.39	2.20	17.62	2.20	19.81	2.20	22.06	2.21
1.0	8.69	2.90	11.99	3.00	15.23	3.05	18.43	3.02	21.61	3.09	24.78	3.10	27.94	3.10	34.09	3.11
1.5	10.21	3.40	14.37	3.59	18.40	3.68	22.36	3.73	26.29	3.76	30.19	3.77	34.08	3.79	37.96	3.80
2.0	11.30	3.77	16.22	4.06	20.94	4.19	25.57	4.26	30.14	4.31	31.67	4.33	39.18	4.35	43.58	4.37
2.5	12.09	4.03	17.71	4.43	23.08	4.62	28.31	4.72	33.46	4.78	38.50	4.82	43.62	4.85	43.67	4.87
3.0	12.67	4.22	18.95	4.74	24.92	4.98	30.71	5.12	36.39	5.20	42.01	5.25	47.58	5.29	53.13	5.31
3.5	13.09	4.36	19.98	5.00	26.52	5.30	32.81	5.47	39.02	5.57	45.13	5.64	51.18	5.69	57.19	5.72
4.0	13.39	4.46	20.86	5.21	27.93	5.59	34.75	5.79	41.42	5.92	47.08	6.00	54.48	6.06	60.92	6.09
4.5	13.60	4.53	21.57	5.39	29.18	5.84	36.49	6.06	43.61	6.23	50.61	6.33	57.33	6.39	64.40	6.41
5.0	13.75	4.58	22.18	5.55	30.29	6.06	38.07	6.34	45.63	6.52	53.05	6.63	60.38	6.71	67.04	6.76
6.0	13.91	4.64	23.11	5.78	32.17	6.43	40.84	6.81	49.24	7.03	57.47	7.18	65.57	7.29	73.58	7.36
7.0	13.99	4.66	23.75	5.91	33.67	6.73	43.19	7.20	52.39	7.48	61.37	7.67	70.20	7.80	78.92	7.89
8.0	14.01	4.67	24.18	6.05	34.86	6.97	45.19	7.53	56.16	7.88	64.85	8.11	74.38	8.26	86.77	8.38
9.0	14.03	4.68	24.47	6.12	35.82	7.16	46.90	7.82	57.61	8.23	68.01	8.30	78.19	8.69	88.22	8.82
10.0	14.03	4.68	24.65	6.16	36.56	7.31	48.37	8.06	59.78	8.54	70.85	8.56	86.13	9.03	92.32	9.23
12.0	14.04	4.68	34.84	6.21	37.60	7.52	50.69	8.45	63.44	9.06	75.80	9.47	87.83	9.76	99.67	9.97
14.0			24.91	6.23	38.22	7.64	52.38	8.73	66.35	9.48	79.93	9.99	93.14	10.35	106.1	10.61
16.0			24.94	6.23	38.57	7.71	53.53	8.93	69.65	9.81	83.30	10.42	97.71	10.86	111.7	11.17
18.0			24.95	6.24	38.77	7.75	54.42	9.07	70.49	10.07	85.29	10.79	101.7	11.30	116.7	11.67
20.0			24.95	6.24	38.87	7.77	55.09	9.17	71.92	10.27	88.72	11.09	105.5	11.63	121.2	12.12
22.0					38.93	7.79	56.39	9.23	73.03	10.43	70.76	11.34	108.1	12.02	125.1	12.51
24.0					38.96	7.79	55.65	9.28	73.89	10.56	92.45	11.56	110.8	12.31	128.7	12.87
26.0					38.97	7.79	55.83	9.30	74.54	10.56	98.86	11.73	113.0	12.56	131.8	13.18
28.0					38.98	7.80	55.94	9.32	75.03	10.72	95.02	11.88	115.0	12.78	134.7	13.47
30.0					38.99	7.80	56.02	9.34	75.40	10.77	95.97	12.00	116.7	12.97	137.2	13.72
35.0							56.10	9.35	75.96	10.85	97.64	12.20	120.0	13.34	142.4	14.24
40.0							56.13	9.36	76.22	10.89	98.61	12.33	122.3	13.58	146.2	14.62
45.0							56.14	9.36	76.33	10.90	99.16	12.39	123.7	13.75	149.1	14.91
50.0							56.15	9.36	76.38	10.91	99.46	12.43	124.7	13.86	151.2	15.12
55.0							56.15	9.36	76.41	10.92	99.63	12.45	125.3	13.92	152.6	15.26
60.0									76.42	10.92	99.72	12.46	125.7	13.97	153.7	15.37
70.0									76.42	10.92	99.79	12.47	126.1	14.01	154.9	15.49
80.0									76.43	10.92	99.82	12.48	126.3	14.08	155.6	15.53
90.0									76.43	10.92	99.82	12.48	126.3	14.03	156.8	15.55
100									76.43	10.92	99.82	12.48	126.3	14.04	155.9	15.58
120															156.0	15.60
150															156.0	15.60
200															156.0	15.60
수심	11.64	4.68	24.97	6.24	39.01	7.80	56.18	9.36	75.47	10.92	99.88	12.78	126.3	14.04	156.0	15.60

주기(s) / 수심(m)	11		12		13		14		15		16		18		20	
	파장 (m)	파속 (m/s)	파장 (m)	파속 (m/s)	파장 (m)	파속 (m/s)	파장 (m)	파속 (m/s)	파장 (m)	파속 (m/s)	파장 (m)	파속 (m/s)	파장 (m)	파속 (m/s)	파장 (m)	파속 (m/s)
0.5	24.28	2.21	26.50	2.21	28.72	2.21	30.94	2.21	33.15	2.21	36.37	2.21	39.80	2.21	44.23	2.21
1.0	34.24	3.11	37.39	3.12	40.53	3.12	43.68	3.12	46.82	3.12	49.96	3.12	56.23	3.12	62.50	3.13
1.5	41.82	3.80	45.69	3.81	49.55	3.81	53.40	3.81	57.25	3.82	61.10	3.82	68.80	3.82	76.49	3.82
2.0	48.16	4.38	52.63	4.39	57.10	4.39	61.56	4.40	66.01	4.40	70.46	4.40	79.36	4.41	88.25	4.41
2.5	53.69	4.88	58.70	4.89	63.71	4.90	68.70	4.91	73.69	4.91	73.68	4.92	88.63	4.92	98.58	4.98
3.0	58.65	5.33	64.15	5.35	69.66	5.36	75.13	5.37	80.60	5.37	86.07	5.38	96.99	5.39	107.9	5.39
3.5	63.17	6.12	69.13	5076	75.08	5.78	81.01	5.79	86.98	5.80	92.84	5.80	104.7	5.81	116.4	5.82
4.0	67.34	6.47	73.73	6.14	80.10	6.16	86.45	6.18	92.79	6.19	99.12	6.20	111.8	6.21	124.4	6.22
4.5	71.22	6.81	78.01	6.50	84.78	6.52	91.54	6.54	98.27	6.56	106.0	6.56	118.4	6.58	131.8	6.59
5.0	74.86	7.41	82.04	6.84	89.19	6.86	96.32	6.88	103.4	6.90	110.5	6.91	124.7	6.93	138.8	6.94
6.0	81.53	7.96	89.44	7.45	97.30	7.48	105.1	7.51	113.0	7.53	120.8	7.55	136.3	7.57	151.8	7.59
7.0	87.56	8.46	96.14	8.01	104.7	8.05	113.2	8.08	121.6	8.11	130.1	8.13	146.9	8.16	163.7	8.19
8.0	93.06	8.92	102.3	8.52	111.4	8.57	120.6	8.61	129.6	8.64	138.7	8.67	156.7	8.71	174.7	8.74
9.0	98.13	9.35	108.0	9.00	117.7	9.05	127.4	9.10	137.0	9.14	146.7	9.17	165.9	9.22	185.0	9.25
10.0	102.8	10.12	113.2	9.44	123.6	9.50	133.8	9.56	144.0	9.60	154.2	9.64	174.5	9.69	194.7	9.73
12.0	111.3	10.80	122.8	10.24	134.2	10.33	145.6	10.40	156.8	10.45	168.0	10.50	190.3	10.57	212.5	10.63
14.0	118.8	11.41	131.3	10.95	143.8	11.06	156.1	11.15	168.3	11.22	180.5	11.28	204.7	11.37	228.7	11.44
16.0	125.5	11.95	139.0	11.58	152.4	11.72	165.7	11.83	178.8	11.92	191.9	11.99	217.9	12.11	243.7	12.18
18.0	131.4	12.44	145.9	12.16	160.3	12.33	174.4	12.46	188.5	12.57	202.4	12.65	230.1	12.78	257.6	12.88
20.0	136.8	12.88	152.3	12.69	167.5	12.88	182.5	13.04	197.4	13.16	212.2	13.26	241.5	13.42	270.6	13.53
22.0	141.7	13.29	158.0	13.17	174.1	13.39	190.0	13.57	206.7	13.72	221.3	13.83	252.2	14.01	282.8	14.14
24.0	146.2	13.66	163.4	13.61	180.3	13.87	197.0	14.07	213.5	14.23	229.9	14.37	262.3	14.57	294.3	14.72
26.0	150.2	13.85	168.3	14.02	186.0	14.31	203.5	14.53	220.8	14.72	239.9	14.87	271.8	15.10	305.3	15.26
28.0	153.9	13.99	172.8	14.40	191.3	14.72	210.0	14.97	227.6	15.17	245.5	15.34	280.8	15.60	316.7	15.78
30.0	157.3	14.30	176.9	14.74	196.2	15.10	215.2	15.38	231.1	15.61	252.7	15.79	289.4	16.08	325.6	16.28
35.0	164.4	14.95	186.0	15.50	207.2	15.94	226.1	16.20	248.7	16.58	269.0	16.81	319.1	17.17	343.6	17.43
40.0	170.1	15.46	198.5	16.12	216.5	16.55	239.1	17.08	261.4	17.43	283.4	17.71	326.7	18.15	369.3	18.46
45.0	174.3	15.86	199.6	16.64	224.4	17.26	248.7	17.76	272.6	18.17	296.2	18.51	342.6	19.03	388.1	19.41
50.0	178.0	16.18	204.7	17.05	231.0	17.77	256.9	18.35	282.5	18.83	307.6	19.23	357.0	19.83	406.4	20.27
55.0	180.1	16.42	208.8	17.40	236.6	18.20	264.1	18.80	291.1	19.41	317.8	19.86	370.1	20.56	421.3	21.06
60.0	182.7	16.61	212.1	17.68	241.4	18.57	270.3	19.31	298.8	19.92	326.9	20.43	362.0	21.22	435.9	21.80
70.0	186.5	16.85	216.9	18.08	248.7	19.13	280.3	20.02	311.6	20.77	342.4	21.40	403.0	22.39	462.1	23.10
80.0	187.0	17.00	220.0	18.33	253.7	19.52	287.7	20.55	321.5	21.43	354.9	22.18	420.6	23.36	484.6	24.23
90.0	187.8	17.07	221.9	18.49	257.2	19.78	293.1	21.93	329.1	21.94	364.9	22.80	435.3	24.19	504.2	25.21
100	188.2	17.11	223.0	18.58	259.2	19.96	295.9	21.21	334.9	22.32	372.8	23.30	447.8	24.88	521.2	26.02
120	188.6	17.15	224.1	18.67	261.9	20.15	301.6	21.54	342.4	22.83	383.9	23.99	466.9	25.94	548.8	27.44
150	188.7	17.16	224.5	18.71	263.2	20.24	304.5	21.75	347.8	23.19	392.8	24.55	485.0	26.95	577.8	28.89
200	188.7	17.16	224.6	18.72	263.6	20.27	305.5	21.82	350.4	23.35	397.8	24.87	498.8	27.71	604.6	30.23
수심	183.8	17.17	224.8	18.72	263.7	20.29	305.9	21.85	351.1	23.41	399.4	24.95	506.3	28.07	623.9	31.19

* 국립건설연구소에서 계산한 것임.

표 1.5.4.1(b) 수심-주기-파장의 관계

주기 (s) / 수심 (m)	0.3	0.4	0.5	0.6	0.7	0.8	0.9	1.0	1.1	1.2	1.3	1.4
0.1	14.0	24.7	36.6	48.4	59.8	70.9	81.7	92.3	103	113	124	134
0.2		25.0	38.9	55.0	71.9	88.7	105.1	121.2	137	152	167	183
0.3			39.0	56.0	75.4	96.0	116.7	137.2	157	177	196	215
0.4				56.2	76.2	98.6	122.3	146.2	170	193	216	239
0.5					76.4	99.5	124.7	151.2	178	205	231	257
0.6						99.7	125.7	153.7	183	212	241	270
0.7						99.8	126.2	154.9	187	217	249	280
0.8							126.3	155.5	187	220	254	288
0.9								155.8	188	222	257	293
1.0								155.9	188	223	259	297
1.1								156.0	188	224	261	300
1.2									189	224	262	302
1.3										224	263	303
1.4										224	263	304
1.5										224	263	304
1.6										225	263	305
1.7											263	305
1.8											263	305
1.9											264	306
2.0												
심해파	14.0	25.0	39.0	56.2	76.4	99.8	126.3	156.0	189.1	225.0	264.0	306.0

주기(s) / 수심(m)	1.5	1.6	1.7	1.8	1.9	2.0	2.2	2.4	2.6	2.8	3.0
0.1	144	154	164	174	185	195	215	235	255	275	295
0.2	197	212	227	142	256	271	299	328	357	385	414
0.3	234	253	271	290	308	326	361	397	433	468	503
0.4	261	283	305	327	348	369	411	453	494	535	576
0.5	282	308	332	357	381	405	453	500	547	593	639
0.6	300	327	355	382	409	436	489	541	594	614	695
0.7	312	342	373	403	433	462	520	577	633	689	744
0.8	321	355	388	420	453	485	547	609	670	730	790
0.9	329	365	400	435	470	504	572	638	703	767	831
1.0	335	373	410	448	485	521	593	663	733	801	869
1.1	339	379	419	458	497	536	612	687	760	832	904
1.2	342	384	425	467	508	549	629	708	785	861	936
1.3	345	388	431	474	517	560	644	727	808	888	966
1.4	347	391	435	480	525	570	658	744	829	912	995
1.5	348	393	439	485	532	578	670	760	848	936	1,021
1.6	349	394	441	489	537	585	680	774	866	956	1,046
1.7	349	396	444	492	542	591	690	787	882	976	1,069
1.8	350	397	445	495	546	596	698	799	897	995	1,090
1.9	350	397	446	497	549	601	705	809	911	1,012	1,110
2.0	351	398	447	499	551	605	712	819	921	1,028	1,130
심해파	351.0	399.0	451.0	505.0	563.0	624.0	755.0	898.0	1,054	1,223	1,404

* 국립건설연구소에서 계산한 것임.

② 파속(c), 파장(L)

(1.71)식, (1.72)식, (1.73)식이 된다.

③ 물입자의 이동속도

(1.69)식 또는 (1.74)식과 (1.60)식으로부터 (1.76)식으로 된다.

$$u = \frac{H\sigma}{2}\frac{\cosh k(z+h)}{\sinh kh} sin(kx - \sigma t) \tag{1.76}$$

$$w = -\frac{H\sigma}{2}\frac{\sinh k(z+h)}{\sinh kh} cos(kx - \sigma t)$$

④ 물입자의 평균위치 $(\overline{X}, \overline{Z})$에서의 변위

그림 1.5.2.5에 나타난 것처럼 물입자의 수평방향 변위 X, 연직방향 변위 Z로서

$$X = \int u dt, \qquad Z = \int w dt$$

에서

$$X = \frac{H}{2}\frac{\cosh k(\overline{z}+h)}{\sinh kh} cos(k\overline{x} - \sigma t) \tag{1.77}$$

$$Z = \frac{H}{2}\frac{\sinh k(\overline{z}+h)}{\sinh kh} sin(k\overline{x} - \sigma t)$$

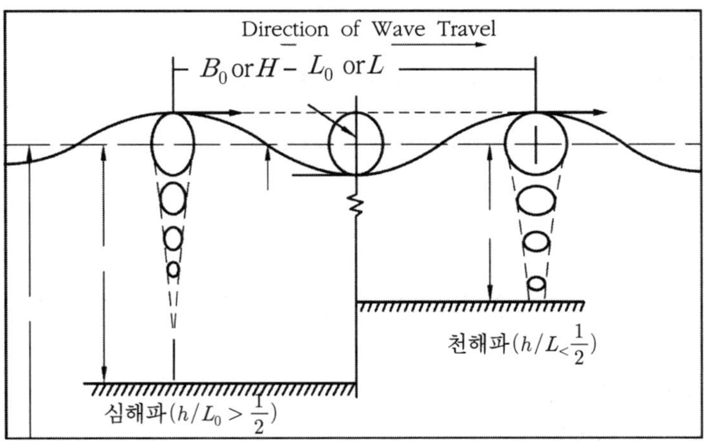

그림 1.5.2.5 천해 및 심해의 경우 평균 위치로부터 물입자의 변위

⑤ 물입자의 궤적

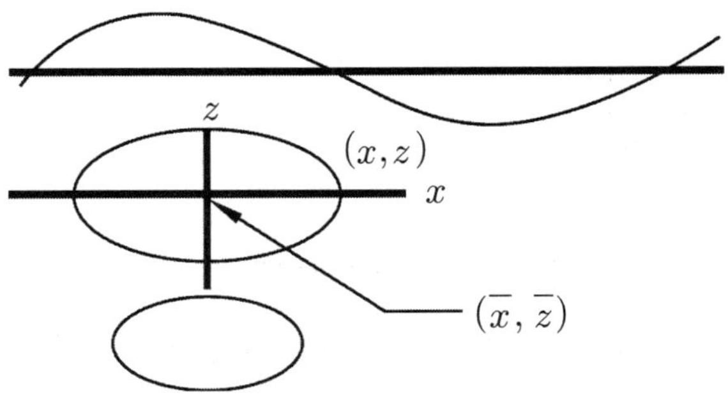

그림 1.5.2.6 물입자의 궤적

(1.77)식에서 시간 t를 소거하고, 양변을 자승하면 $\cos 2(k\bar{x}-\sigma t)+\sin 2(k\bar{x}-\sigma t)=1$의 관계에서

$$\frac{X^2}{\left\{\frac{H}{2}\frac{\cosh k(\bar{z}+h)}{\sinh kh}\right\}^2}+\frac{Z^2}{\left\{\frac{H}{2}\frac{\sinh k(\bar{z}+h)}{\sinh kh}\right\}^2}=1 \tag{1.78}$$

이 되고 장원궤도를 만들게 한다.

⑥ 압 력

압력 p는 (1.65)식에 (1.69)식을 대입하여 구해진다.

$$p=\rho\frac{\partial\phi}{\partial t}-\rho g z$$

$\rho g=w_0$, 물입자 궤적 중심의 위치를 $(\bar{x},\ \bar{z})$라고 쓰고 (1.69)식을 대입하면

$$p=\frac{w_0 H}{2}\frac{\cosh k(\bar{z}+h)}{\cosh kh}sin(k\bar{x}-\sigma t)-w_0\bar{z} \tag{1.79}$$

이다. 우변 제2항은 정수압이기 때문에 파운동에 의한 변동압력를 p_w라 하면

$$p_w = p + w_0 \bar{z} = \rho \frac{\partial \phi}{\partial t} \tag{1.80}$$

$$= \frac{w_0 H}{2} \frac{\cosh k(\bar{z}+h)}{\cosh kh} sin(k\bar{x} - \sigma t)$$

이고, 수심이 깊어짐에 따라 작게 됨을 알 수 있다.

그림 1.5.2.7는 아주 깊은 바다에 있어서 압력의 연직분포를 나타낸다.

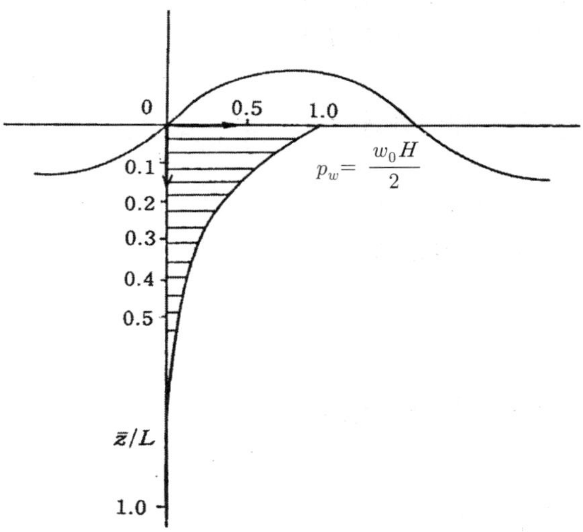

그림 1.5.2.7

⑦ 군속도

군속도 C_G는 (1.71)식을 (1.56)식에 대입하여 구하게 된다. (1.71)식의 양변을 L로 미분하고

$$2c\frac{dc}{dL}= \frac{g}{2\pi}\left(\tanh\frac{2\pi h}{L}-\frac{2\pi h}{L}\mathrm{sech}^2\frac{2\pi h}{L}\right)$$

$$= \frac{g}{2\pi}tanh\frac{2\pi h}{L}\left(1-\frac{2\pi h/L}{\sinh\frac{2\pi h}{L}cosh\frac{2\pi h}{L}}\right)$$

다시 (1.71)식을 우변 괄호의 계수에 대입하면

$$2c\frac{dc}{dL}= \frac{c^2}{L}\left(1-\frac{4\pi h/L}{\sinh 4\pi h/L}\right)$$

$$\therefore L\frac{dc}{dL}= \frac{c}{2}\left(1-\frac{4\pi h/L}{\sinh 4\pi h/L}\right)$$

이 값을 (1.56)식에 대입하면

$$C_G= c\left[\frac{1}{2}\left(1+\frac{2kh}{\sinh 2kh}\right)\right] \tag{1.81}$$

$$= nc$$

그리고, (1.55)식을 이용할 때는

$$C_G= \frac{c\delta k+k\delta c}{\delta k}= \frac{\delta(kc)}{\delta k} \tag{1.82}$$

$$= \frac{d\sigma}{dk}$$

이기 때문에 (1.70)식을 이용하여 구하는 것이 편리하다.

〈예제 1.5.2.3〉 주기 12.8sec, 파고 3m의 심해파가 수심 6m의 지점에 왔다고 하고, 다음의 값을 구해라. (1) 파장, (2) 파고, (3) 정수면, 수면 아래 3m, (4)수저에 있어서 물입자의 속도, (3)~(4)와 똑같은 위치에서의 평균 위치에서의 변위, (5) 수저에 있어서 압력의 최소값을 구하라.

(풀이) (1), (2)의 계산법에 관해서는 2장에서 자세하게 설명하고 있지만, 여기서는 그래프에서 추정한다.

(1) 심해파장 L_o와 $L=6.0m$에 의해 $h/L_o=0.0234$가 얻어진다. 이 h/L_o에 대해서, 상대수심 h/L 및 L/L_o가 각각 $h/L=0.063$, $L/L_o=0.375$인 경우

$$L=6\div 0.063=95m$$

$$L=0.375\times 256=96m$$

이 얻어지지만, 후자의 쪽이 보다 정확하다고 생각되기 때문에, $L=96(m)$을 사용한다.

(2) 이 경우는 굴절이 영향을 고려하지 않고, 수심에 의한 파고 변화만을 고려하면 되기 때문에, $H/H_o'=1.2$로 된다. 이것에서 $H_o'=3(m)$이기 때문에, H는 다음과 같이 얻어진다.

$$u=\frac{\pi H}{T}\frac{\cosh 2\pi(h+z)/L}{\sinh 2\pi h/L}sin(\frac{2\pi}{L}x-\frac{2\pi}{T}t)$$

$$w=\frac{\pi H}{T}\frac{\sinh 2\pi(h+z)/L}{\sinh 2\pi h/L}cos(\frac{2\pi}{L}x-\frac{2\pi}{T}t)$$

여기서,

$$\frac{\pi H}{T}=\frac{\pi\times 3.6}{12.8}=0.88(m/\sec)$$

로 된다. 기타의 쌍곡선함수의 값은 그림을 이용하는 것에 의해 아래표와 같이 추정할 수 있다. h을 $(h+z)$로 치환하여, 이 쌍곡선함수를 구하는 데도 사용된다.

위 치	$z\,(m)$	$(h+z)\,(m)$	$(h+z)/L$	sinh 2π $(h+x)/L$	cosh 2π $(h+z)/L$
수 면	0	6	0.0625	0.40	1.10
수면아래 3m	−3	3	0.0313	0.20	1.02
수 저	−6	0	0.0000	0	1.00

으로 되어, $a_r = 0$으로 되기 때문에 합성파의 파형은 다음 식으로 된다.

$$\eta = 2asin(\sigma t - kxcos\theta)\cos(kysin\theta)$$

진폭이 0으로 되는 마디의 위치는

$$\cos(kysin\theta) = 0, \qquad y = -\frac{(2n+1)L}{4\sin\theta}$$

진폭이 최대가 되는 배의 위치는

$$\cos(kysin\theta) = \pm 1, \qquad y = -\frac{nL}{2\sin\theta}$$

로 나타낸다. $2a$의 진폭을 가진 파가 x축의 양방향으로 $c/\cos\theta$의 속도로 나아가며, 그 파장은 $L/\cos\theta$로 된다.

(3) 심해파

깊은 바다에서는 전절 1.5.2 (2)항의 미소진폭파 이론이 잘 맞는다. 수심 h가 충분히 깊을 때에는 1.5.2 (2)항의 식에 나타난 쌍곡선함수는 다음과 같이 근사할 수 있다.

$kh = 2\pi h/L > \pi$일 때 1%이하의 정도에서

$\sinh kh = e^{kh}/2$, $\cosh kh = e^{kh}/2$

$\tanh kh = 1$

등이 성립하기 때문에

$$\frac{\cosh k(z+h)}{\sinh kh} \fallingdotseq \frac{e^{k(z+h)}}{e^{kh}} = e^{kz} \tag{1.83}$$

$$\frac{\sinh k(z+h)}{\sinh kh} \fallingdotseq \frac{e^{k(z+h)}}{e^{kh}} = e^{kz}$$

$$\tanh kh \fallingdotseq 1$$

$$\frac{2kh}{\sin 2kh} \fallingdotseq 0$$

$$\frac{\cosh k(z+h)}{\cosh kh} \fallingdotseq \frac{e^{k(z+h)}}{e^{kh}} = e^{kz}$$

이라 쓸 수 있고 1.5.2 (2)항의 식은 다음과 같이 된다.

① 속도 potential

(1.69)식 또는 (1.74)식에서

$$\phi = \frac{gH}{2\sigma} e^{kz} \cos(kx - \sigma t) \tag{1.84}$$

또는

$$\phi = \frac{Hc}{2} e^{kz} \cos(kx - \sigma t) \tag{1.85}$$

② 파형

(1.75)식과 같은 모양이다.

$$\zeta = \frac{H}{2} sin(kx - \sigma t) \tag{1.86}$$

③ 파속(c)

(1.71)식 (1.73)식에서

$$c = \sqrt{\frac{g}{k}} = \frac{g}{2\pi} T \tag{1.87}$$

④ 파장(L)

(1.73)식에서

$$L = \frac{g}{2\pi} T^2 \tag{1.88}$$

⑤ 입자의 이동속도

(1.76)식에서

$$u = -\frac{H\sigma}{2} e^{kz} \sin(kx - \sigma t) \tag{1.89}$$

$$w = -\frac{H\sigma}{2} e^{kz} \cos(kx - \sigma t)$$

⑥ 물입자의 수평위치에서의 변위

(1.77)식에서

$$X = \frac{H}{2} e^{k\bar{z}} \cos(k\bar{x} - \sigma t) \tag{1.90}$$

$$Z = \frac{H}{2} e^{k\bar{z}} \sin(k\bar{x} - \sigma t)$$

⑦ 물입자의 궤적

(1.78)식에서

$$X^2 + Z^2 = \left(\frac{H}{2} e^{kz}\right)^2 \tag{1.91}$$

이 경우 원궤도가 된다.

⑧ 압력

전압은 (1.79)식에서

$$p = \frac{w_0 H}{2} e^{k\bar{z}} \sin(k\bar{x} - \sigma t) - w_0 \bar{z} \tag{1.92}$$

변동압력은 (1.80)식에서

$$p_w = \frac{w_0 H}{2} e^{k\bar{z}} \sin(k\bar{x} - \sigma t) \tag{1.93}$$

⑨ 군속도

(1.81)식에서

$$c_G = c/2 \tag{1.94}$$

등이 얻어진다.

수심방향으로 현상의 감소는 $ekz = e2\pi z/L$에 의하기 때문에 그 비율을 나타내면 표 1.5.4.2처럼 된다.

표 1.5.4.2

Z/L	0	−1/10	−1/5	−1/4	−1/3	−1/2	−1
ekz	1	0.533	0.285	0.208	0.123	0.043	0.002

즉, 파의 작용은 1/10 파장의 깊이에서 표면의 0.53배로, 1/4파장의 깊이에서는 표면의 약 1/5이 된다.

그리고 반파장 이하에서 파 작용은 1/30로 되며, 만약 해저가 L/2의 깊이 이상이면 거의 파 작용은 미치지 않는다. 반대로 운동도 해저의 영향을 받지 않기 때문에 1/2파장 보다 깊은 바다의 파를 심해파라 하고, 1/2파장 보다도 얕은 바다의 파를 천해파라 한다. 심해파의 파속 c, 파장 L은 주기 T에 의해서 정해지고 수심에는 관계하지 않는다.

〈예제 1.5.2.4〉 주기 5sec, 파고 1.5m, 수심 6m인 파에 대해서 파장과 파속을 천해파와 심해파에 대해서 계산하라.

〈예제 1.5.2.5〉 수심 20m인곳을 진행하는 주기 7sec의 파가 있다. 파고가 2m인 경우 속도성분 u, v가 깊이에 따라 어떻게 분포하는가를 구하라.

〈예제 1.5.2.6〉 주기 12.8sec, 파고 3m의 심해파에 대해서 미소진폭파 이론으로 (1) 파속, (2) 파장, (3) 정수면 아래 2, 20, 80m의 수중에 있어서의 물입자의 속도, (4) (3)과 같은 위치에서의 평균위치로부터의 변위, (5) (3)과 같은 위치에서 최대압력(단, 해수의 단위중량을 1.03tf/m^3 =10.1kN/m^{3}으로 한다)을 구하시오.

(풀이) 심해파 식을 이용하여 계산한다.

(1) $C_o = \dfrac{gT}{2\pi} = 1.56T = 1.56 \times 12.8 = 20.0(m/s)$

(2) $L_o = \dfrac{gT^2}{2\pi} = 1.56T^2 = 1.56 \times 12.8^2 = 256(m)$

(3) 이 경우 $k = \dfrac{2\pi}{L_o}$이기 때문에, u, w는 다음과 같이 쓸 수 있다.

$$u = \frac{\pi H_o}{T} e^{2\pi z/L_o} \sin\left(\frac{2\pi}{L_o}x - \frac{2\pi}{T}t\right)$$

$$w = \frac{\pi H_o}{T} e^{2\pi z/L_o} \cos\left(\frac{2\pi}{L_o}x - \frac{2\pi}{T}t\right)$$

이 식에서

$H_o = 3.0m$, $T = 12.8\text{sec}$, $L_o = 256m$로 하고,

$z = -2, -20, -80m$에 관해서, 소요의 값을 구하기 위하여 다음과 같은 순서로 계산을 수행한다. 윗식에서 u, w는 다음과 같이 얻어진다. 단 θ는 아래와 같이 정의 한다.

위 치	(1)	(2)	(3)	(4)	(5)	(6)
	(m)z	z/L_o	$2\pi z/L_o$	e^{kz}	$\dfrac{H_o}{2}e^{kz}$(m)	$\dfrac{\pi H_o}{T}e^{kz}$(m/sec)
수면아래 2m	−2.00	−0.078	−0.049	0.952	1.43	0.701
〃 20m	−20.0	−0.078	−0.490	0.612	0.92	0.451
〃 30m	−80.0	−0.31	−1.960	0.141	0.21	0.104

$$\theta = \left(\frac{2\pi}{L}x - \frac{2\pi}{T}t\right)$$

a) $z = -2(m);\ u = 0.70\sin\theta(m/s), w = -0.70\cos\theta(m/s)$

b) $z = -20(m);\ u = 0.45\sin\theta(m/s), w = -0.45\cos\theta(m/s)$

c) $z = -80(m);\ u = 0.10\sin\theta(m/s), w = -0.10\cos\theta(m/s)$

(4) 똑같이 ξ, ζ는 다음과 같이 얻어진다.

a) $z = -2(m)$; $\xi = 1.43\cos\overline{\theta}(m), \zeta = 1.43\sin\overline{\theta}(m)$

b) $z = -20(m)$; $\xi = 0.92\cos\overline{\theta}(m), \zeta = 0.92\sin\overline{\theta}(m)$

c) $z = -80(m)$; $\xi = 0.21\cos\overline{\theta}(m), \zeta = 0.21\sin\overline{\theta}(m)$

(5) P의 최대값은 η의 최대값 일 때 얻어지기 때문에

$$p_{\max} = w_o[\eta_{\max}e^{kz} - z] = w_o[\frac{H_o}{2}e^{kz} - z]$$
$$= 1.03(\frac{3}{2}e^{kz} - z) = 1.55e^{kz} - 1.03z(tf/m^2)$$

로 된다. z, e^{kz}을 대입하여 아래와 같이 구한다.

a) $z = -2(m)$: $p_{\max} = 3.54(tf/m^2) = 34.7(kN/m^2)$

b) $z = -20(m)$: $p_{\max} = 21.55(tf/m^2) = 211.2(kN/m^2)$

c) $z = -80(m)$: $p_{\max} = 82.62(tf/m^2) = 809.7(kN/m^2)$

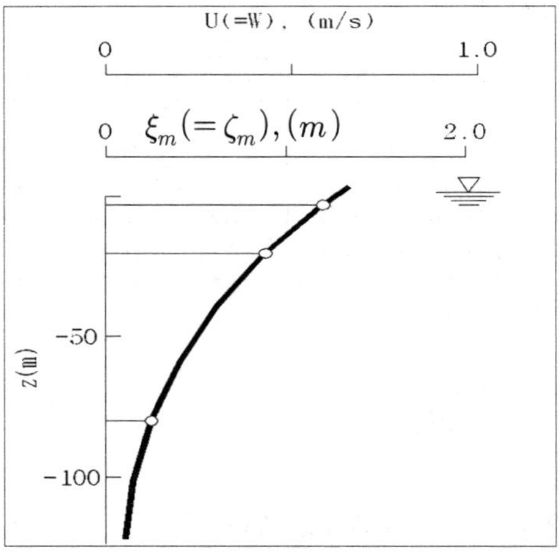

물입자 속도와 변위(심해파)

(4) 장파

장파는 수심h에 비하여 파장 L이 아주 길고 kh가 아주 작게 되는 경우에는 아래와 같이 된다.

$$\sinh kh \fallingdotseq kh \tag{1.95}$$

$$\cosh kh \fallingdotseq 1$$

$$\tanh kh \fallingdotseq kh$$

이 관계를 1.5.2 (2)항의 식에 대입하면 다음 식을 얻는다.

① 속도

(1.69)식과 (1.74)식에서

$$\phi = \frac{gH}{2\sigma} cos(kx - \sigma t) \tag{1.96}$$

또는

$$\phi = \frac{Hc}{2} cos(kx - \sigma t) \tag{1.97}$$

② 파형

(1.75)식과 같은 모양으로

$$\zeta = \frac{H}{2} sin(kx - \sigma t) \tag{1.98}$$

③ 파속(c)

(1.72)식에서

$$c = \sqrt{gh} \tag{1.99}$$

④ 물입자의 이동속도

(1.76)식에서

$$u = \frac{H\sigma}{2kh} sin(kx - \sigma t) \tag{1.100}$$

$$= \frac{\sigma}{kh}\zeta = \zeta\sqrt{\frac{g}{h}}$$

여기에, $\sigma/k = c$를 이용하면

$$w = -\frac{H\sigma}{2}\left(1 + \frac{z}{h}\right)\cos(kx - \sigma t) \ll u \tag{1.101}$$

(1.100)식에서 수평유속은 물이 솟아오른 높이 ζ에 비례하고, 그리고 z를 포함하지 않기 때문에 깊이 방향의 분포는 일정한 것을 알 수 있다.

⑤ 물입자의 평균위치 $(\overline{X}, \overline{Z})$에서의 이동

(1.77)식에서

$$X = \frac{H}{2kh} cos(k\bar{x} - \sigma t) \tag{1.102}$$

$$Z = \frac{H}{2}(1 + \frac{\bar{z}}{H})\sin(k\bar{x} - \sigma t) \ll X$$

이 식에서 X는 깊이 $\bar{z}$에 의하지 않고 표층도 저층과 같다.

⑥ 물입자의 궤적

(1.78)식에서

$$\frac{X^2}{(\frac{H}{2kh})^2}+\frac{Z^2}{[\frac{H}{2}(1+\frac{\bar{z}}{h})]^2}=1 \text{ 또는 } X=\pm\frac{H}{2kh} \tag{1.103}$$

⑦ 압 력

(1.79)식에서

$$p=\frac{w_0 H}{2} sin(k\bar{x}-\sigma t)-w_0\bar{z} \tag{1.104}$$

변동압은 (1.80)식에서

$$\begin{aligned} p_w &= \frac{w_0 H}{2} sin(k\bar{x}-\sigma t) \\ &= w_0\zeta \end{aligned} \tag{1.105}$$

이고, 장파의 경우에는 정수압 분포가 된다.

⑧ 군속도

(1.81)식에서

$$C_G=c \tag{1.106}$$

장파의 경우 군속도는 파의 위상속도와 같다.

〈예제 1.5.2.7〉 심해파와 장파의 물입자 운동을 비교 설명하라.

(풀이) 심해파의 경우 궤도 반지름이 $H/2e^{ky}$의 원이기 때문에 수심과 함께 지수 함수적으로 감소한다. 장파의 경우는 수평방향의 궤도 반지름은 수심과 무관하며 일정하다는 것을 알았다.

즉 수면에서 해저까지 같은 크기의 진폭으로 운동을 한다. 연직방향은 깊이에 따라서 직선적으로 진폭이 감소한다. 결국 장파의 물입자의 궤도는 수평방향으로 긴 원이다.

1.5.3 파의 Energy

① 파의 Energy

파의 운동은 비점성유체로서 Euler의 운동방정식 (1.19)식을 이용하고 외력은 중력으로서 그 성분은 $F_x=0$, $F_z=-g$ 이므로

$$\frac{\partial u}{\partial t}+u\frac{\partial u}{\partial x}+w\frac{\partial u}{\partial z}=-\frac{1}{\rho}\frac{\partial p}{\partial x} \tag{1.107}$$

$$\frac{\partial w}{\partial t}+u\frac{\partial w}{\partial x}+w\frac{\partial w}{\partial z}=-g-\frac{1}{\rho}\frac{\partial p}{\partial z}$$

을 이용한다. 그리고 좌변 제2항, 제3항은 제1항에 비해 고차의 미분량으로서 생략한 식 (1.57)식을 이용하였다. 파운동을 생각할 때 u, w는 H/T정도의 양이고 x는 L정도로 생각하면 되므로

$$u\frac{\partial u}{\partial x}\sim\frac{H}{T}\frac{H}{TL}=\frac{H}{T^2}\cdot\frac{H}{L}$$

$$\frac{\partial u}{\partial T}\sim\frac{H}{T^2}$$

두 식을 비교하여 H/L가 아주 작아지면 (1.107)식은 (1.57)식으로 된다. 파고와 파장의 비 H/L를 파형경사라고 부르고 실제의 파에서 이 값은 0.03전후가 많고 풍파에서는 0.05전후, 너울에서는 0.015전후이기 때문에 이 근사는 충분히 성립된다. 그러나 파가 쇄파에 가까워지면 Energy는 파의 꼭대기 부근에 집중하여 H/L는 보다 크게 되어(이론상의 최대치는

0.14) 이 근사는 나빠진다. 또 (1.107)식의 Energy적분을 생각해 보자. 1.5.2항에서 서술한 것처럼 운동은 비점성이고 소용돌이가 없기 때문에 속도 potential ϕ는 존재하고 (1.60)식이 성립한다. 또 소용돌이가 없는 조건 (1.28)식에서

$$\frac{\partial u}{\partial z}-\frac{\partial w}{\partial x}=0 \;\therefore\; \frac{\partial u}{\partial z}=\frac{\partial w}{\partial x},\; u=-\frac{\partial \phi}{\partial x},\; w=-\frac{\partial \phi}{\partial z}$$

(1.107)식은

$$-\frac{\partial^2 \phi}{\partial t\,\partial x}+u\frac{\partial u}{\partial x}+w\frac{\partial w}{\partial x}=-\frac{1}{\rho}\frac{\partial p}{\partial x}$$

$$-\frac{\partial^2 \phi}{\partial t\,\partial z}+u\frac{\partial u}{\partial z}+w\frac{\partial w}{\partial z}=-g-\frac{1}{\rho}\frac{\partial p}{\partial z}$$

가 된다.

이 식은 각각 x방향, z방향의 힘이 평형을 이루었기 때문에 이것에 각각 dx, dz를 곱하면 Energy의 식이 된다. Energy는 scalar량 이므로 방향을 가지지 않는다.

$u\frac{\partial u}{\partial x}=\frac{\partial}{\partial x}(\frac{u^2}{2})$등을 고려하여

$$-\left\{\frac{\partial^2 \phi}{\partial t \partial x}dx+\frac{\partial^2 \phi}{\partial t \partial z}dz\right\}+\left\{\frac{\partial}{\partial x}(\frac{u^2}{2})dx+\frac{\partial}{\partial z}(\frac{u^2}{2})dz\right\}$$
$$+\left\{\frac{\partial}{\partial x}(\frac{w^2}{2})dx+\frac{\partial}{\partial z}(\frac{w^2}{2})dz\right\}+gdz+\left\{\frac{\partial}{\partial x}(\frac{p}{\rho})dx+\frac{\partial}{\partial z}(\frac{p}{\rho})dz\right\}=0$$

각각의 { }안은 x와 z에 대하여 전미분이기 때문에

$$-d(\frac{\partial\phi}{\partial t})+d(\frac{u^2}{2})+d(\frac{w^2}{2})+gdz+d(\frac{p}{\rho})=0$$

적분하여 ρ을 곱하면 x, z를 포함하지 않는 적분상수를 $E(t)$로 하여

$$-\rho\frac{\partial\phi}{\partial t}+\rho\frac{u^2+w^2}{2}+\rho gz+p=E(t) \tag{1.108}$$

이 식은 Bernoulli식의 확장밖에 되지 않는다. 흐름이 정상류인 경우 조사면의 1항은 0이 된다.

그러나 "$\frac{u^2}{2g}+z+\frac{p}{w_0}=\frac{E}{w_0}=$ 일정"식이 동일 유선 상에서 성립하는데 비해서 (1.108)식은 그와 같은 제약은 없다. 그리고 앞 절 1.5.2에서 (1.107)식을 (1.57)에 근사하여 된 것은 (1.108)식의 제2항 (운동 Energy항)을 생략한 것이 된다. 따라서 파속 c와 파장 L, 물입자의 유속 u, 물입자의 운동궤적 w, 압력 p 등에 대해서 정확한 답이 얻어졌다. 그러나 Energy에 관해서는 (1.108)식의 제2항은 생략되고 (1.65)식을 고려하면 파의 Energy $E(t)$는 0이 된다. 파의 Energy를 생각할 때에는 2차의 미분항까지 생각하여야 한다. 즉, (1.65)식은 $(u^2+w^2)/2$을 생략하여 구한 것이기 때문에 그 오차는

$$gz+\frac{p}{\rho}-\frac{\partial\phi}{\partial t}\simeq\frac{u^2+w^2}{2} \tag{1.109}$$

이고, 이것을 (1.107)식에 적용하여 생각하면 $(u^2+w^2)/2$은 생략할 수 없게 된다.[4] 즉, $E(t)$는 2차의 미소량이다. 그래서 1 파장 L에 포함되는

Energy E를 구하려면 먼저 dx구간에 대하여 해저에서 해면까지 합계하고 다음에 1파장에 대하여 합계한다.

$$E = \int_0^L \int_{-h}^{\zeta} E(t)\,dz\,dx \tag{1.110}$$

또 (1.79)식과 (1.80)식에서

$$p = \rho \frac{\partial \phi}{\partial t} - \rho g \bar{z} \tag{1.111}$$

이기 때문에 이것을 (1.108)식에 대입하면

$$E(t) = \rho g (z - \bar{z}) + \rho \frac{(u^2 + w^2)}{2} \tag{1.112}$$

여기에 $\bar{z}$는 정수시의 물입자의 위치이다.

(1.112)식을 (1.110)식에 대입하면

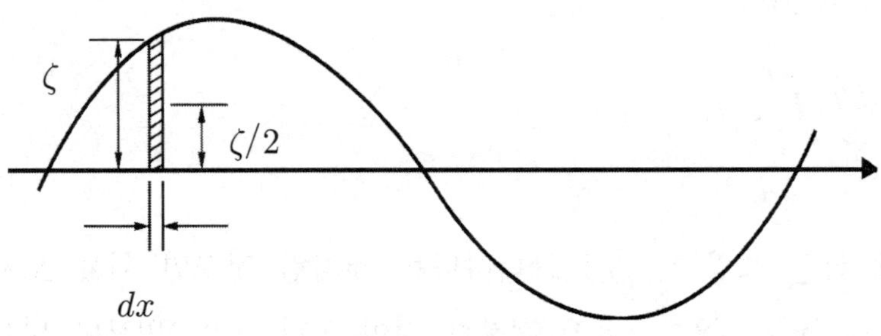

그림 1.5.3.1

4) 압력 p와 파형을 구할 때는 (1.65)식의 정도는 나쁜 것만은 아니다. 파고 1m, 주기 10초의 심해파에 대해서 생각하면 수면에서는 (1.89)식이 사용되므로 $\frac{(u^2+w^2)}{2} = \frac{1}{2}(\frac{1}{2}\cdot\frac{2\pi}{10})^2 = 0.05$ (1.65)식의 우변은 수면에서 gz=9.8×1=9.8이기 때문에, $(u^2+w^2)/2$을 gz에 대하여 생략해도,(1.108)식에 비교하여 충분히 정확한 ϕ를 정할 수 있다.

$$E = E_p + E_k \tag{1.113}$$

$$E_p = \int_0^L \int_{-h}^{\zeta} \rho g (z - \bar{z}) dz dx$$

$$E_k = \int_0^L \int_{-h}^{\zeta} \frac{\rho}{2} (u^2 + w^2) dz dx$$

로 된다. 여기서, E_p는 위치 Energy, E_k는 운동 Energy이다. 그리고 각각 다음과 같이 계산 된다.

$$E_p = \int_0^L \left(\int_{-h}^{\zeta} \rho g z dz - \int_{-h}^{0} \rho g \bar{z} d\bar{z} \right) dx$$

$$= \rho g \int_0^L \left(\int_{-h}^{0} z dz + \int_0^{\zeta} z dz - \int_{-h}^{0} \bar{z} d\bar{z} \right) dx$$

$$= \rho g \int_0^L \int_0^{\zeta} z dz dx \tag{1.114}$$

$$= \frac{\rho g}{2} \int_0^L \zeta^2 dx$$

이다. 이 식은 그림 1.5.3.1에 나타나는 것처럼 정수면 위를 오르는 위치 Energy $\rho g \zeta dx \cdot \zeta/2$를 1파장 적분한 것이 된다. (정수면보다 낮은 곳에도 Energy를 가지고 있음에 주의).

(1.75)식의 파형을 대입하여

$$E_p = \frac{\rho g H^2}{8} \int_0^L \sin^2 (kx - \sigma t) dx \tag{1.115}$$

$$= \frac{w_0 H^2 L}{16}$$

다음에 운동 Energy E_k는

$$E_k = \int_0^L \int_{-h}^{\zeta} \frac{\rho}{2}(u^2 + w^2)dzdx$$

Green의 정리를 이용하여

$$E_k = \frac{\rho}{2} \oint \phi(\frac{\partial \phi}{\partial n})dl$$

여기서, n은 검사면에 직각인 선소(線素) $\oint$는 검사면 전체에 관하여 적분하는 것을 나타낸다. ϕ는 속도 potential로 (1.69)식 혹은 (1.74)식에 나타나는 값이다. $-\partial\phi/\partial n$는 n방향에 즉, 면에 수직방향의 유속성분이기 때문에 그림 1.5.3.2의 BC면에서는 0, 그리고 AB, CD면에서는 상쇄되어 결국 표면 AD면의 적분만 남는다. 또 파형경사(H/L)가 작기 때문에 파면에 따른 선소(線素) dl을 dx로 근사하면

$$E_k = \frac{\rho}{2} \int_0^L (\phi \frac{\partial \phi}{\partial z})_{z=0}\, dx$$

이 식에 (1.74)식을 대입한다.

$$\left(\phi \frac{\partial \phi}{\partial z}\right)_{z=0} = \frac{H\sigma \cosh kh}{2k \sinh kh} cos(kx - \sigma t) \cdot \left\{\frac{H\sigma}{2} cos(kx - \sigma t)\right\}$$

$$= \frac{H^2 \sigma^2}{4k \tanh kh} cos^2(kx - \sigma t)$$

우변에 (1.70)식을 대입하면

$$(\phi \frac{\partial \phi}{\partial z})_{z=0} = \frac{gH^2}{4} cos^2(kx - \sigma t)$$

$$\therefore E_k = \frac{\rho g H^2}{8}\int_0^L \cos^2(kx - \sigma t)dx \qquad (1.116)$$

$$= \frac{\rho g H^2 L}{16} = \frac{w_0 H^2 L}{16}$$

이처럼 파에서는 위치 Energy E_p와 운동 Energy E_k는 같다. 1 파장당의 총 Energy는

$$E = E_p + E_k = \frac{w_0 H^2 L}{8} \qquad (1.117)$$

단위면적당 평균 Energy e는

$$e = \frac{w_0 H^2}{8} \qquad (1.118)$$

이 된다.

검사면 S로 둘러쳐진 공간 V안에 있는 함수 ϕ, φ의 분포가 있을 때 다음의 적분공식이 성립한다.

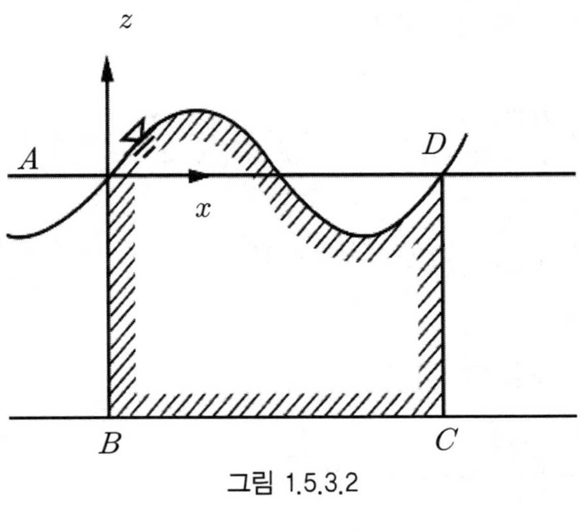

그림 1.5.3.2

$$\int_V \phi \nabla^2 \varphi dV + \int_V \left(\frac{\partial \phi}{\partial x}\frac{\partial \varphi}{\partial x} + \frac{\partial \phi}{\partial y}\frac{\partial \varphi}{\partial y} + \frac{\partial \phi}{\partial z}\frac{\partial \varphi}{\partial z}\right) dV$$

$$= \int_s \phi \frac{\partial \varphi}{\partial n} dS$$

여기서, $dV = dxdydz$로 체적요소, dS는 dV를 둘러싼 면적요소, n은 dS면에 법선방향선소이다.

또 ϕ＝Φ라 놓으면, 비압축성 유체에서는 (1.30)식에서

$$\nabla^2 \phi = 0$$

이기 때문에 위의 식 제1항은 0이 되고

$$\int_V \left(\left(\frac{\partial \phi}{\partial x}\right)^2 + \left(\frac{\partial \phi}{\partial y}\right)^2 + \left(\frac{\partial \phi}{\partial z}\right)^2\right) dV = \int_s \phi \frac{\partial \phi}{\partial n} dS$$

(1.27)식에서

$$\int_V (u^2 + v^2 + w^2) dV = \int_S \phi \frac{\partial \phi}{\partial n} dS$$

가 성립된다. 여기서 적용은 2차원이기 때문에

$v = 0,\ dV \to dxdz,\ dS = dl$ 이다.

② 파의 Energy전달

파의 Energy전달은 (1.23)식의 ④식에서

$$\left\{p + \rho g z + \frac{\rho}{2}(u^2 + w^2)\right\} u$$

(1.65)식을 대입하면

$$\left\{\rho\frac{\partial\phi}{\partial t}+\frac{\rho}{2}(u^2+w^2)\right\}u \tag{1.119}$$

로 된다. 이 값의 1주기평균을 W라 하면

$$W=\frac{1}{T}\int_0^T\int_{-h}^0(\rho\frac{\partial\phi}{\partial t}u+\frac{\rho u}{2}(u^2+w^2))dzdt \tag{1.120}$$

제1항은 위치 Energy의 수송이고, 제2항은 운동 Energy의 수송이다. 여기서 제2항의 $\rho(u^2+w^2)/2$은 (1.76)식에서 x와 t에 대하여 분포가 거의 같은 형태이다. 심해파의 경우 운동 energy의 분포는 일정함을 알 수 있다. 심해파에서는 (1.89)식에서 $\frac{\rho(u^2+w^2)}{2}=\frac{\rho H^2\sigma^2}{8}e^{2kz}$, σ는 (1.70)식에서 심해파의 조건 (1.83)식을 고려하면 gk이기 때문에

$$\frac{\rho(u^2+w^2)}{2}=\frac{\rho gH^2k}{8}e^{2kx}$$

가되고, $k=2\pi/L$이기 때문에 이 값은 x와 t에 관계없이 일정하다. 따라서 (1.120)식의 제2항은

$$\frac{\rho(u^2+w^2)}{2T}\int_0^T\int_{-h}^0 udzdt=0 \tag{1.121}$$

이 되고, 이것은 (u^2+w^2)이 x방향 즉, 파의 진행방향의 분포가 일정하기 때문에 Energy 수송이 일어나지 않는다. 따라서 파의 Energy유속은 위치 Energy만큼 수송되고 (1.120)식의 제1항이 위치 Energy가 된다. 또 $\rho\partial\phi/\partial t$는 (1.80)식에서 파에 의한 변동압력 p_w이기 때문에

$$W = \frac{1}{T}\int_0^T \int_{-h}^0 p_w u dz dt \tag{1.122}$$

로 표시된다. (1.80), (1.76)식을 대입하고 $\bar{z}$를 z라 쓰면

$$W = \frac{1}{T}\int_0^T \int_{-h}^0 \frac{w_0 H}{2} \frac{\cosh k(z+h)}{\cosh kh} sin(kx - \sigma t)$$

$$\frac{H\sigma}{2} \frac{\cosh k(z+h)}{\sinh kh} sin(kx - \sigma t) dz dt$$

$$= \frac{w_0 H^2 \sigma}{2T \sinh 2kh} \int_0^T \sin^2(kx - \sigma t) dt \int_{-h}^0 \cosh^2 k(z+h) dz$$

$$= \frac{w_0 H^2 \sigma}{2T \sinh 2kh} \frac{T}{2}(\frac{h}{2} + \frac{1}{4k} sinh 2kh)$$

$$= \frac{w_0 H^2 \sigma}{16}(1 + \frac{2kh}{\sinh 2kh})$$

$$= \frac{w_0 H^2}{8} \cdot \frac{c}{2}(1 + \frac{2kh}{\sinh 2kh}) \tag{1.123}$$

(1.81)식을 고려하고 군파의 속도 c_G를 이용하면

$$W = \frac{w_0 H^2}{8} c_G \tag{1.124}$$

로 된다. $w_0 H^2/8$은 (1.118)식에 나타난 것처럼 물의 단위면적당 파가 가진 전 Energy이기 때문에 (1.124)식은 파의 전 Energy가 군속도로 수송되어진다고 볼 수 있다.

군속도는 (1.81)식에서 보는 것처럼 파속(위상속도) c보다 작고,

$kh=2\pi h/L$가 작다. 파장에 대해서 얕은 바다에서는 $\sinh 2kh \fallingdotseq 2kh$가 되기 때문에 $c_G=c$이지만, kh가 크고 즉, 심해파에서는 $c_G=c/2$가 된다. 이처럼 파의 Energy속도는 위상속도보다 작기 때문에 그림 1.5.3.3에 나타난 것처럼 하나의 군의 파열에 있어서 각각의 파는 군으로서 진행속도보다 크므로 잇따라 나타나서 없어지곤 한다. 그림 1.5.3.3은 파의 위에 검은 점 표시를 해서 없어지는 모습을 나타내고 있다. 간략화하여 심해파로 생각하면 (1.124)식은(1.94)식을 이용하면

$$W=\frac{w_0H^2}{16}c$$

로 된다. 그리고 (1.121)식에서 운동 Energy E_k는 수송되지 않음을 알고 있기 때문에 $w_0H^2/16$은 (1.115)식에서 구한 위치 Energy E_p를 L로 나누면 단위면적당의 위치Energy e_p가 된다. 바꾸어 말하면 위치 Energy가 위상속도 c로 운반되어 지는 것이다. 이것을 그림 1.5.3.4와 같이 생각해 보면 $t=0$에서 Energy 1의 파가 1주기 후에는 $t/T=1$과 같고, 위치 Energy가 파속 c로 진행하는 2주기 후에는 각 파의 위치Energy양 만큼 c로 진행하기 때문에 $t/T=2$와 같이 Energy분포는 좌에서 제1 파는 1/2의 반인 1/4로 되고, 제2파는 1/2의 반이 제3파에 수송되고, 1/4이 남는다. 이것과 제1파에서 운송되어 온 1/4이 합성하여 1/2이되고 그림의 분포처럼 된다.

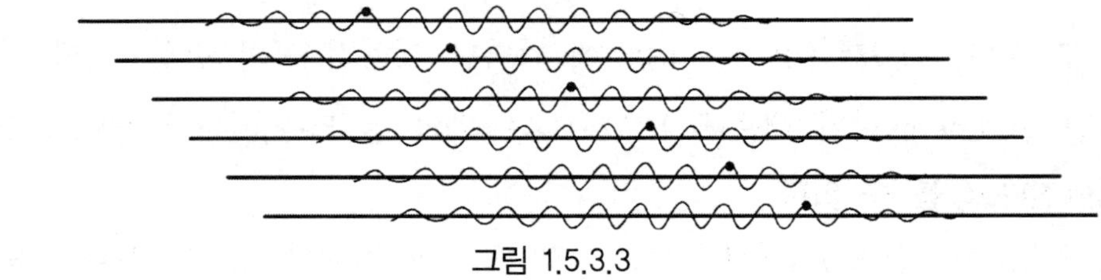

그림 1.5.3.3

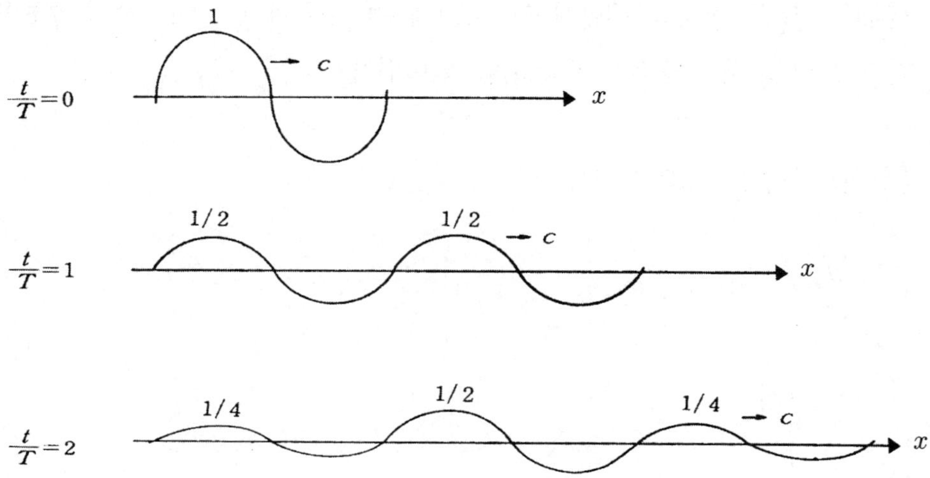

그림 1.5.3.4

이와 같이 최대 Energy점의 속도는 파속의 1/2이 된다. 그림1.5.3.4에서는 1파의 변화를 생각했지만, 연속파의 경우에는 그림의 왼쪽에서 순차적으로 1을 더하여 합성하면 된다. 장파에서는 (1.106)식에서 $c_G = c$ 이기 때문에 그림1.5.3.4처럼 분산은 일어나지 않는다. Energy양을 실용단위로 하기 위해서 MKS단위계에서 구하면 W_T(와트)가 되기 때문에 (1.124)식에서

$$W = \frac{\rho g H^2}{8} c_G(\text{와트}) \tag{1.125}$$

이다.

여기서

ρ: 1000kg/m^3, g: 9.8m/sec^2, H: 파고(m), c_G: 군속도(m/sec)이다.

〈예제 1.5.3〉 한국의 해안선 약 26,500㎞에 평균파고 0.5m, 주기 7초의 파가 도달할 때 수송파의 Energy는 얼마인가?

(풀이) 파속은 (1.87)식에서

$$c=\frac{g}{2\pi}T=10.9\text{m/sec}$$

(1.94)식에서

$$c_G=\frac{1}{2}c=5.45\text{m/sec}$$

(1.125)식에 대입하면

$$W=\frac{1000\times 9.8\times (0.5)^2}{8}\times 5.45$$

$$=1.67kw/m$$

해안선에 도달하는 전 Energy W_T는

$$W_T=1.67\times 26{,}500\times 103$$

$$=4.43\times 107kw$$ 즉, 약 4천만 kw의 Energy이다.

1.5.4 파에 의한 질량의 흐름

파운동에 의한 질량의 흐름, 예를 들면 해안 먼 곳에 나무토막을 던지면 얼마 안있어 나무토막은 해안으로 밀려온다. 이것은 파의 진행방향으로 흐름이 생긴다는 것을 나타내고 있다. 이것을 검토해 보면 질량의 흐름은 (1.23)식에서

$$\int_{-h}^{\zeta} \rho u dz$$

이다. 이 값의 1주기평균을 구하면, u는 (1.76)식에 나타나는 것처럼 정현변화를 가지기 때문에 0이 된다. 이것은 표면조건을 $\zeta + h \fallingdotseq h$로 하기 위한 것이기 때문에 표면부근의 물입자에 관해 검토해 볼 필요가 있다. 그림 1.5.4.1에 나타난 실선의 파형은 $T/2$시간 후에는 점선과 같은 파형이 된다. 또, A단면을 통과하는 질량에 관해서 생각해 보면 실선의 파형일 때의 유속분포는 파의 진행방향에 실선으로 나타내고 점선의 파형에서는 반대방향에 점선분포로 된다. 파봉부분에서 진행방향으로 이동한 물은 파속으로 완전히 돌아 오지는 않고

$$\rho \int_{-\zeta}^{\zeta} u dz$$

만큼 파의 진행방향으로 이동한다. 1주기에 대해서 생각하면 그림 1.5.4.1의 그림처럼 파봉, 파속에서 $T/2$(각위상차 $\pi/2$)만큼 위상차의 어떤 흐름을 겹쳐서 생각하면 윗식은 질량수송이기 때문에 1주기간의 질량수송을 QT라 하면 이것은 윗식을 0~$T/2$의 구간에서 합계하여 구해진다.

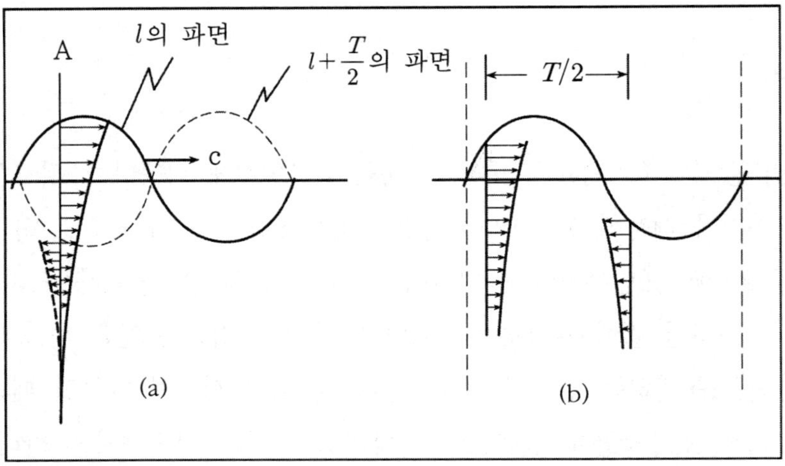

그림 1.5.4.1

$$QT = \int_0^{T/2} \left\{ \rho \int_{-\zeta}^{\zeta} u dz \right\} dt \tag{1.126}$$

또 (1.126)식에서 나타난 잉여질량은 $z=0$에 있어서의 평균유속 $u_z=0$을 이용하여 $2\rho\zeta u_z = 0$으로 주어진다. 따라서

$$QT = \int_0^{T/2} 2\rho\zeta u_{z=0} dt$$

(1.75), (1.76)식을 대입하면

$$QT = \frac{2\rho H^2 \sigma}{4} \cdot \frac{\cosh kh}{\sinh kh} \int_0^{T/2} \sin^2(kx - \sigma t) dt$$

$$= \frac{\rho H^2 \sigma}{2\tanh kh} \left[\frac{t}{2} + \frac{1}{4\sigma} sin2(kx - \sigma t) \right]_0^{T/2}$$

$$= \frac{\rho H^2}{2} \frac{\sigma}{\frac{\sigma^2}{gk}} \frac{T}{4} = \frac{\rho g H^2 T}{8c} = \frac{ET}{c}$$

$$\therefore \quad Q = \frac{E}{c}, \quad E = \frac{w_0 H^2}{8} \tag{1.127}$$

윗식의 변형에서 (1.70)식과 $\sigma/k = c$를 이용하고 있다. (1.127)식에 (1.76)식의 u를 대입하여 구하여도 같은 결과가 얻어진다. 파운동의 물입자의 궤적은 원 또는 타원형이지만 (1.127)식에 나타나는 것처럼 파의 진행방향에 E/c인 흐름이 생기게 된다.

1.5.5 파에 의한 운동량의 흐름

파에 의한 Energy의 흐름은 1.5.3항에서, 질량의 흐름은 1.5.4항에서 설명하였다. 여기서는 파 운동에 의한 운동량 유속을 구하고자 한다. 운동량 유속은 (1.23)식의 ③식에서 나타냈다. 파 운동에 의한 양만을 문제로 하면 압력 p는 파 운동에 의한 변동압 p_w를 이용하면 운동량 유속은 $P_w + \rho u^2$ 이다 (1.108)식에서

$$E(t) = -\rho\frac{\partial\phi}{\partial t} + \rho\frac{u^2+w^2}{2} + \rho gz + p$$

$$= -\rho\frac{\partial\phi}{\partial t} - \rho\frac{(u^2-w^2)}{2} + \rho gz + p + \rho u^2$$

(1.80)식에서, $p = p_w - \rho g$ 이기 때문에

$$E(t) = -\rho\frac{\partial\phi}{\partial t} - \frac{\rho(u^2-w^2)}{2} + \rho g(z-\bar{z}) + p_w + \rho u^2 \tag{1.128}$$

$$\therefore \quad p_w + \rho u^2 = \rho\frac{\partial\phi}{\partial t} + \frac{\rho(u^2-w^2)}{2} - \rho g(z+\bar{z}) + E(t) \tag{1.129}$$

이 값의 1주기 사이의 평균치를 구해 보면 단위시간에 단위폭을 지나 파의 진행방향으로 흐르는 운동량 S_x는 다음 식과 같이 된다.

$$S_x = \frac{1}{T}\int_0^T\int_{-h}^{\zeta}\left\{\rho\frac{\partial\phi}{\partial t} + \frac{\rho(u^2-w^2)}{2} - \rho g(z-\bar{z}) + E(t)\right\}dzdt$$

이 적분에서 제1항의 적분은 (1.80)식을 대입하여 0, 제2항은 (1.76)식을 이용하면

$$\frac{1}{T}\frac{\rho H^2\sigma^2}{4\sinh^2 kh}\left[\int_{-h}^{0}\cosh^2 k(z+h)dz\int_0^T\sin^2(kx-\sigma t)dt\right.$$

$$\left.-\int_{-h}^{0}\sinh^2 k(z+h)dz\int_0^T\cos^2(kx-\sigma t)dt\right]$$

$$= \frac{\rho g H^2}{8}\frac{2kh}{\sinh 2kh}$$

이것을 적분으로 나타내면

$$\int_{-h}^{\zeta} = \int_{-h}^{0} + \int_{0}^{\zeta}$$

이지만, 우변 제2항은 고차의 미분량이 되기 때문에 생략하였다. 제3항의 적분은 (1.113)식의 제2식과 같은 형태로서 E_p/L와 같고[5)]

$$-\frac{\rho g H^2}{16}$$

제4항의 적분은 (1.118)식과 같기 때문에[6)]

$$\frac{\rho g H^2}{8}$$

따라서

$$\begin{aligned} S_x &= \frac{\rho g H^2}{8}\frac{2kh}{\sinh 2kh} - \frac{\rho g H^2}{16} + \frac{\rho g H^2}{8} \\ &= \frac{\rho g H^2}{8}\left[\frac{1}{2} + \frac{2kh}{\sinh 2kh}\right] \end{aligned} \tag{1.130}$$

가 된다. S_x의 의미를 생각해 보면 S_x는 파운동에 의해 생긴 운동량 유속이기 때문에 파고의 변화에 따라 운동량 S_x에 변화를 생기게 한 힘이 작용했다고 생각할 수 있다. S_x는 파운동에 의해 정수시 압력 P_o에 부가된 내부응력이라고 생각할 수 있다.

5) ; 1파장의 평균은 1주기의 평균과 같다.
6) ; 1파장의 평균은 1주기의 평균과 같다.

이러한 의미로 S_x를 Radiation stress라 부르고 있다.

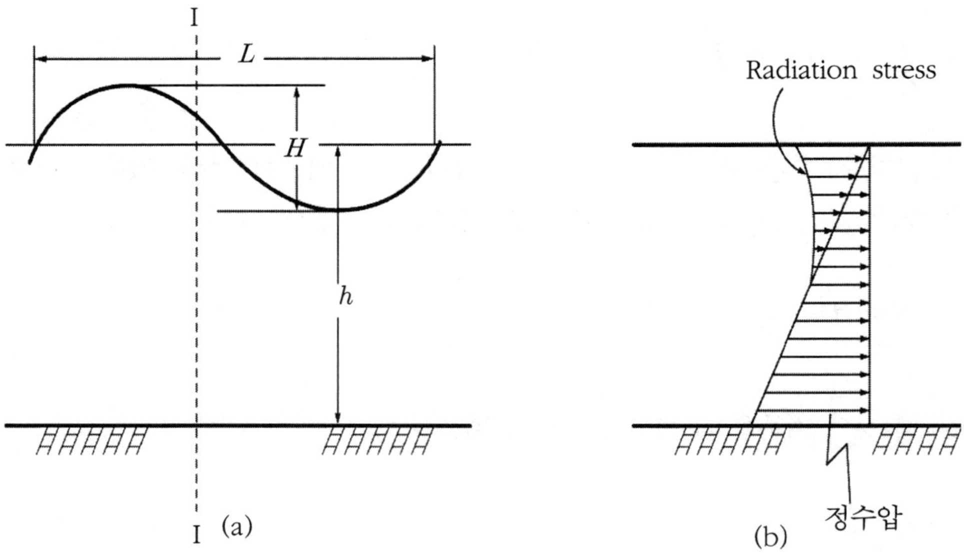

그림 1.5.5.1 Radiation stress

이 가상응력 S_x를 취급함에 따라 파운동은 힘의 평형의 문제로 바뀐다. 예를 들면 그림 1.5.5.1에서 수심 h의 바다에 파고 H, 파장 L의 파가 I~I 단면을 통과할 때 I~I 단면에 있어서의 내부응력은 그림 1.5.5.1과 같이 되는 것을 의미한다. 식으로 쓰면 I~I 단면에 작용하는 전압력은

$$\frac{w_0 h^2}{2} + S_x \tag{1.131}$$

가 된다.

1.5.6 파고의 추정

바람에 의해 발생되는 파의 파고, 주기, 파형, 파향이 현지에 있어서는 일정한 규칙파가 아닌 불규칙한 것으로서 이들의 특성도 바람의 속도(wind velocity), 취송시간(duration), 대안거리(Fetch) 등의 요소와 기압분포 및 성질에 따라 다르며 많은 학자들이 파고 계산을 위하여 노력해 왔다.

1) 최대파고, 1/10 최대파고, 평균파고, 유의파고와의 관계

불규칙한 파고와 주기를 갖는 파의 집단을 일정한 파고와 주기를 가진 간단한 단일파 보존이론으로 취급해서 해면에 있어서의 가장 근사하고 대표적인 파로 하기 위하여 sverdrup이 유의파(significant wave)의 개념을 도입하여 파고분석의 기준치로 사용하고 있다. 해면의 일정장소에서 10~20분간 파고를 연속 관측하면 100~200파수 정도가 되며 이들을 크기순으로 순위별로 재배치하여 큰 파고로부터 총파수의 1/3, 1/10⋯⋯⋯$1/n$ 등으로 취하여 각기 평균한 것을 $H_{1/3}$(유의파), $H_{1/10}$파, $H_{1/20}$파⋯⋯⋯ $H_{1/n}$파라고 한다.

- 유의파고($H_{1/3}$) : 일반적으로 유의파란 관측기록 중에서 각 파고의 높이 순으로 파고가 가장 높은 것으로부터 세어서 전체 파수의 1/3까지를 골라 그 파고와 주기를 평균한 것을 유의파고($H_{1/3}$) 및 유의파주기($T_{1/3}$)라 한다.
- 1/10 최대파고($H_{1/10}$) : 유의파와 같은 방법으로 전체 파수의 1/10에 해당하는 파를 골라 평균한 것을 1/10 최대파고라 한다.
- 최대파고(H_{max}) 및 평균파고($\overline{H}$) : 파의 전체 개수 중에서 파고가 최대인 것을 최대파고라 하며 모든 파고와 주기를 평균한 것을 각각 평균파고, 평균주기($\overline{T}$)라 한다. 같은 풍역에서 발생하여 소요시간에

정상적으로 발달한 풍파는 특정한 확률법칙에 거의 따르고 있으며 이관계로부터 위에서 정의된 각종 파고의 통계량에 의한 확률분포는 다음과 같은 상호 관계를 갖게 된다.

$$P(H) = \frac{\pi}{2} \cdot \frac{H}{(\overline{H})^2} \cdot \exp\left[-\frac{\pi}{4}\left(\frac{H}{\overline{H}}\right)^2\right]$$

위의 식은 Rayieigh의 파고분석 식에서 $P(H)$ dH를 1로 하였을 때 $H_{1/3}$, $H_{1/10}$, $H_{1/20}\cdots$, 을 %로 환산하여 대입한다. 즉 $H_{5\%}$일 때 $P(H)$ =0.05로 대입하고 보를 가정하면서 양변의 값이 같을 때까지 시산하여 나오는 값이 $H_{5\%}$에 대한 평균파고($\overline{H}$)의 배수가 된다. 이와 같이 계산한 결과를 보면 다음과 같다.

$H_{1/3} = 1.605H$ 그러므로 $H_{1/10} = 1.27H_{1/3}$
$H_{1/10} = 2.112\overline{H}$ $H_{1/20} = 1.46H_{1/3}$
$H_{1/20} = 2.340\overline{H}$ $H_{1/50} = 1.62H_{1/3}$
$H_{1/50} = 2.600\overline{H}$

관측기록 중 최대파고를 H_{max}라 하면 $H_{max}/H_{1/3}$의 관계는 다음 식에 의한다.

$$H_{max}/H_{1/3} = 1.07\sqrt{\ln N}$$

여기서, N : 관측파수

- $H_{max}/H_{1/3}$은 전체파수 N에 따라 변화한다.
- $H_{1/3}/\overline{H}$ = 1.60

■ 유의파($H_{1/3}$ 최대파)를 1/10 최대파로 환산할 때는 다음 식을 적용한다.(N = 100개의 파수일 때) $H_{1/10} = 1.27H_{1/3}$에 있어서 전체 파수 N이 클 때는 $\sqrt{\ln N}$에 비례하여 다음의 표와 같이 된다. ($*lnN = \log_e N$)

표 1.5.6.1 파수별 최대파고와 유의파고의 비

N	10	20	50	100	200	500	1,000
$\frac{H_{max}}{H_{1/3}}$	1.11	1.25	1.42	1.53	1.64	1.77	1.86

이들의 관계는 관측시간이 10~20분 이상이면 천해에서나 심해파에서도 일반적으로 성립된다. 단, 파고가 커지면 비선형의 효과로서 다소 흐트러지는 경우가 있다.

설계할 때 유의파, 1/10 최대파 중 어떤 것을 어떤 것을 쓰는가를 개개의 문제로 처리하지만 쇄파대내에서는 여기서 말한 유의파, 1/10 최대파 및 최대파의 관계는 적용하지 않는다

2) 설계파의 결정

쇄파 또는 비쇄파의 영향을 받는 구조물에 파의 특성이 주어지면 구조물 위치 전면에서 파고가 수심에 의해 영향을 받는지 또는 받지 않는지를 검토하여야 하며, 이러한 구조물의 형태 및 목적에 따라 설계파(H_{max}, $H_{1/3}$, $H_{1/10}$)를 결정하는 예를 보면 다음과 같다.

표 1.5.6.2 구조물형태에 따른 설계파 결정

구 분	구조물 형태	설계파
rigid	centileber steel 벽체, sheet pile	$H_{\max}$
semi-rigid	steel sheet pile, cell 구조	$H_{1/10} \sim H_{\max}$
flexible	ruble-mound, riprap	$H_{1/3}$

- 구조물 설치 예정지점 부근의 파를 사용한다.
- 설계파는 기왕에 조사한 실측파를 이용 보정해서 결정하는 것을 원칙으로 하나 이것이 불가능할 경우에는 구조물의 중요성 및 배후지의 경제적 가치와 구조물의 기능, 목적, 형식 및 형상 등을 고려하여 결정하여야 한다.

1.6 유체중의 물체에 작용하는 힘

1.6.1 완전 유체중의 물체에 작용하는 힘

완전 유체 속에 물체가 운동하고 있는 경우에 대해서 생각해 보자. 점성(粘性)이 없는 유체(流體) 즉, 완전유체 속의 물체에 작용하는 유체 저항력이 0이라고 서술하였다. 그림 1.6.1.1는 물체와 함께 움직이는 좌표계에서 본 유선이다. 즉 물체의 운동 U에 의한 물체 주위의 물운동의 모양을 나타내고 있다. 물체는 주위의 물에 운동량을 주고 있는 것이고 그 전 운동량은 물체의 속도 U에 비례한다.(완전유 체에서는 그림 1.6.1.1에 나타나는 유선의 형태는 유속에 따라 변하지 않기 때문에 유체속의 임의의 점의 유속은 U에 비례하게 된다. 따라서, 운동량도 U에 비례한다.) 또 물체에 대해서 배제된 ρV에도 비례하기 때문에 결국 v인 물체가 U인 운동에 의해 주위의 물은

$$M = C_{MA} \rho V U \tag{1.132}$$

인 운동량이 주어지게 된다. C_{MA}는 물체의 둘레의 유선의 형태에 따라 정해지는 비례정수이다. 물체의 운동 U가 변하면 유체에 주어지는 운동량 M도 변화하고 (1.7)식에 나타나는 것처럼 이 운동량의 변화를 일으키는 $F_{MA} = dM/dt$이 유체에 작용하게 된다. 따라서, 물체는 그 반작용에 의해 같은 양의 힘

$$M_{MA} = -\frac{dM}{dt} = -C_{MA} \rho V \frac{dU}{dt} \tag{1.133}$$

가 작용하게 된다. (1.133)식 M의 값을 구체적으로 계산하면

$$M = \int \rho v dV - \rho V U \tag{1.134}$$

이고 우변 제1항의 적분은 전공간에 걸쳐 행해지고 제2항은 물체의 배제된 물의 운동량을 나타내며 2차는 물체의 외측의 유체가 가진 전운동량이다. 물체가 원주와 구(球)등 v의 분포에 대해서 계산할 수 있는 것은 (1.134)식의 계산이 행해지는 원주의 경우 $C_{MA}=1.0$, 구의 경우는 $C_{MA}=0.5$이다.

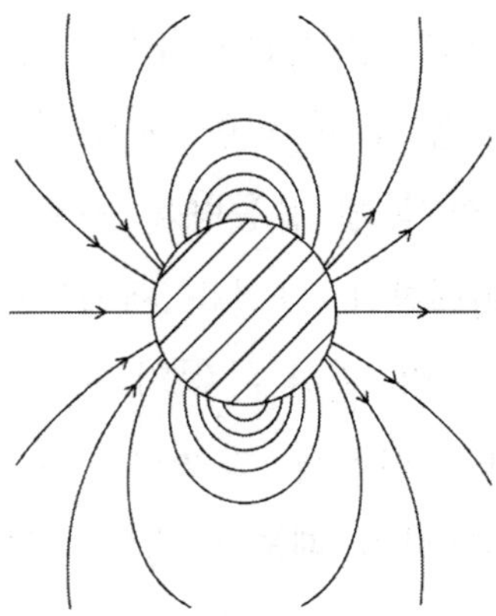

그림 1.6.1.1

(1.133)식에서 물체가 등속도운동(等速度運動)을 하고 있을 때는 $dU/dt=0$이기 때문에 $F_{MA}=0$이 되고 유체 저항력은 0이 되며 이것을 다란벨의 배리(背理)라고 한다.

이 물체의 운동방정식을 쓰면, 물체의 밀도를 ρ라 하고 (1.9), (1.133)식에서

$$\sigma V\frac{dU}{dt}=-C_{MA}\rho V\frac{dU}{dt}+F$$

F는 물체에 작용하는 중력 등이다. dU/dt로 정리하여

$$(\sigma V+C_{MA}\rho V)\frac{dU}{dt}=F \tag{1.135}$$

이 식의 좌변은 질량 $(\sigma V+C_{MA}\rho A)$의 물체의 운동에 해당하는 것이고

$C_{MA}\rho V$만큼 질량이 부가되었다고 생각할 수 있다. 이것에서 $C_{MA}\rho V$를 부가(附加)질량, C_{MA}를 부가질량계수라고 한다. 다음으로 파와 같은 진동 흐름 속에 놓여진 물체가 받는 저항력에 관하여 생각해 보자. 그림 1.6.1.2에 나타난 것처럼 u는 가속도 du/dt를 가지고 있다고 한다. 이것은 1.1절에서 서술했던 것처럼 유체의 단위체적당에 $\rho du/dt$인 힘이 작용함을 의미한다. 그림 1.6.1.2처럼 물속에 용적이 v인 물체를 놓는다. 이 물체가 주위의 물과 아주 비슷한 운동을 하는 경우에는 이 물체를 둘러싼 용적을 물로 바꾸어도 변하지 않는다. 그렇게 하면 이 용적 v에 작용하는 힘은

$$\rho V \frac{dU}{dt} \tag{1.136}$$

가 된다. 이 경우 물체는 주위의 물의 유선에는 변화를 주지 않는다. 물과 물체가 각각 다른 속도 U, u로 운동하는 경우에 대해 설명해 보면 진동류(振動流) u의 속을 물체가 U인 속도로 운동하고 있을 경우, 진동류 가속도에 의한 힘은 (1.136)식이 된다. 다음으로 물체는 흐름 속에서 상대속도 $(U-u)$로 운동하고 있기 때문에 주위의 물에 유선의 변화 즉, 운동량의 변화를 주기 때문에 (1.133)식에 상당하는 부가질량력(附加質量力)이 작용한다. (1.133)식의 U는 상대속도$(U-u)$라고 한다.

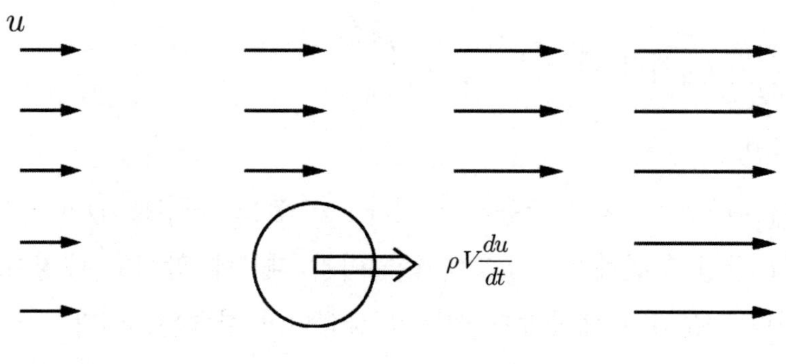

그림 1.6.1.2

따라서, 이 경우에 물체가 받는 전저항력 F는

$$\begin{aligned} F &= \rho V\frac{du}{dt} - C_{MA}\rho V\left(\frac{du}{dt} - \frac{du}{dt}\right) \\ &= (C_{MA}+1)\rho V\frac{du}{dt} - C_{MA}\rho V\frac{dU}{dt} \end{aligned} \tag{1.137}$$

가 된다. 정상물체(靜上物體)(U=0)에 작용하는 유체힘은

$$\begin{aligned} F_M &= C_M\rho V\frac{du}{dt} \\ C_M &= C_{MA}+1 \end{aligned} \tag{1.138}$$

이 되고 C_M을 겉보기 질량계수(apparent mass)라고 부르고, 부가질량계수 C_{MA}와 구별한다. 완전유체에서 운동이 정상의 경우에 항력은 0인 것으로 나타냈지만 물체가 회전하고 있는 경우에는 그림 1.6.1.4에 표시된 것 같이 흐름의 직각방향에 힘이 작용한다. 이것은 그림에서 물체표면 유속의 위쪽 u_1은 빠르고 아래쪽 u_2는 늦어지기 때문에 Bernoulli 정리을 적용하면

$$p_1 + \frac{\rho u_1^2}{2} = p_2 + \frac{\rho u_2^2}{2} = \text{일정}$$

첨자 1,2는 각각 위쪽과 아래쪽의 양을 표시한다.

또 $u_1 > u_2$이기 때문에 $\dfrac{\rho u_1^2}{2} > \dfrac{\rho u_2^2}{2}$

$\therefore p_1 < p_2$

가 되어 위쪽으로 힘이 작용하게 된다. 이 힘을 양력(揚力)이라 한다.

흐름의 방향에 관해서는 y축에 대칭이기 때문에 압력도 대칭이고 흐름방향의 힘의 성분과 반대방향의 성분이 상쇄되어 항력은 0이다.

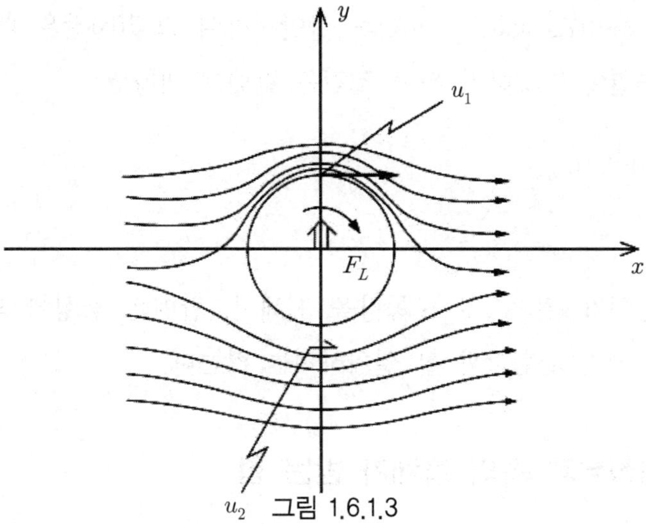

그림 1.6.1.3

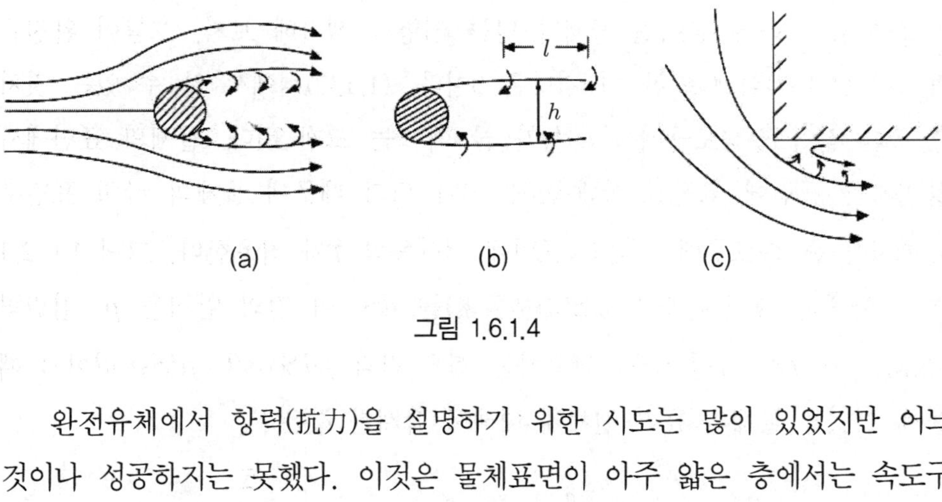

그림 1.6.1.4

완전유체에서 항력(抗力)을 설명하기 위한 시도는 많이 있었지만 어느 것이나 성공하지는 못했다. 이것은 물체표면이 아주 얇은 층에서는 속도구배가 커지고 점성의 영향이 강하게 나타나기 때문이다. 그림 1.6.1.4(a)에 나타난 것처럼 유선이 물체에서 떨어진 속도의 불연속면에서는 소용돌이를 만들고 이 소용돌이는 불완전하여 여러 점에 집중된 소용돌이의 예를 만든다. 그림 1.6.1.4(b)의 소용돌이를 칼맨 소용돌이라 한다. 일정한 흐름 가운데 놓여진 원주(圓柱) 뒤에 생긴 칼맨 소용돌이는 2개의 박리선상(剝離線上)에 대칭인 것과 그림 1.6.1.4(b)처럼 물떼새 같은 형태가 생기지만 대칭인 칼맨 소용돌이(Karman vortex)는 불안정하여 그림(b)같은 배열이 된다. 그림 (b)의 배열이 안정하기 위한 조건은 칼맨에 의하면

$$h/l = 0.2801 \tag{1.139}$$

이다.

이 소용돌이가 뒤쪽으로 운동량을 전해서, 칼맨은 점성에 의하지 않고 저항을 계산하지만 실험값과 잘 일치하지는 않는다.

1.6.2 점성유체 속의 물체가 받는 힘

정상유체(靜上流體) 속을 등속운동(等速運動)하는 물체, 또는 일정속도로 흐르는 유체 속에 놓여진 물체가 받는 저항을 생각해 보자. 흐름이 완전유체이면 (1.137)식에 의한 이 저항은 0이다. (1.137)식에서 알 수 있는 것처럼 μ는 작아도 속도구배 du/dy가 클 때 τ는 크게 된다. 물체의 표면에서 물입자는 표면에 고정된 상대속도는 0이 되기 때문에 물체의 극히 표면부근에서는 큰 속도구배가 되고 표면에 전단응력 τ가 작용한다. 그림 1.6.2.1에서 물체의 표면에 면적요소(面積要素)를 dS, 이 점의 압력을 p, 접면력(接面力)을 τ라 하면 dS에 작용하는 힘은 각각 $pdS cos\theta$, $\tau dS sin\theta$이기 때문에 이것을 물체의 표면 전체에 대해서 합계한 값은

$$F_D = \int_s p\cos\theta dS + \int_s \tau\sin\theta dS \tag{1.140}$$

여기서,우변의 1항은 압력저항, 2항은 마찰저항이라고 한다. 그림 1.6.2.1의 축선 상에서 Bernoulli 정리를 생각하면 그림의 O점에서 유속은 0이기 때문에 이곳의 압력 p_0는

$$p_0 = p + \frac{\rho u^2}{2}$$

$$p_0 - p = \frac{\rho u^2}{2}$$

$p_0 - p$를 동압(動壓)이라 하고 그림 1.6.2.1의 고정점 O에서는 압력의 증가량이다. 유선이 현저히 변화하지 않는 범위에서 압력분포는 변하지 않기 때문에 압력저항은 동압 $\rho u^2/2$에 비례한다.

마찰저항 τ는 그림 1.6.2.2에 나타난 것처럼 $\tau = \mu \frac{du}{dy}$ 식에서 $du = u$, $dy = \delta$이고, δ는 점성유체로 취급할 필요가 있는 층의 두께로 경계층(境界層)두께라고 한다.

δ는 고정된 점부터 거리 x점까지

$$\delta = K\sqrt{\frac{\nu x}{u}}, \quad \nu = \frac{\mu}{\rho} \tag{1.141}$$

인 것을 알 수 있기 때문에 이것을 $\tau = \mu \frac{du}{dy}$ 식에 대입하면

$$\left.\begin{aligned} \tau &= \mu \frac{u}{\delta} = \frac{2}{K\sqrt{R_e}} \frac{\rho u^2}{2} \\ R_e &= \frac{ux}{\nu} \end{aligned}\right\} \tag{1.142}$$

압력저항도 마찰저항도 동압 $\rho u^2/2$에 비례하기 때문에 (1.140)식은 결국

$$\left.\begin{aligned} F_D &= C_D A \frac{\rho u^2}{2} \\ C_D &= C_{Dv} + C_{Df} \end{aligned}\right\} \tag{1.143}$$

이 된다. 여기서 A는 물체의 흐름에 직각인 사영면적(射影面積)이고, C_D를 저항계수라 한다. 유속 u의 유체속을 물체가 속도 U로 운동하고

있는 경우 고정점의 동압은 그 상대속도를 이용하여 $\rho(U-u)^2/2$이 되기 때문에 (1.143)식은

$$F_D = - C_D A \frac{\rho}{2}(U-u)|U-u| \tag{1.144}$$

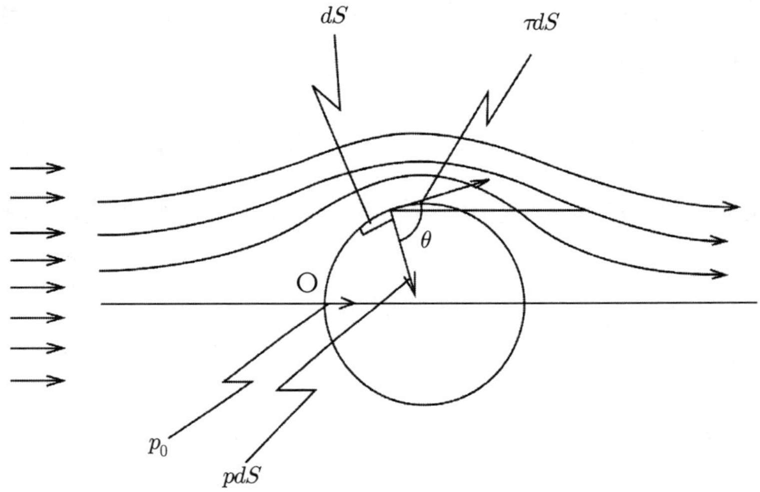

그림 1.6.2.1

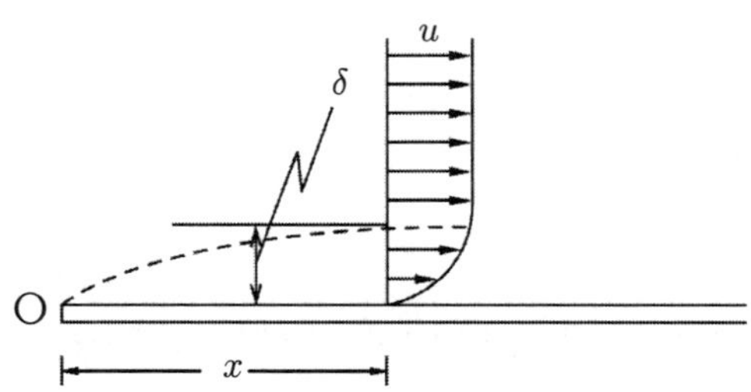

그림 1.6.2.2

가 된다. 상대속도에 절대값 기호를 이용한 것은 U와 u의 대소 관계에 의해 F_D의 作用方向(작용방향)이 반대가 되게 하기 위해서이다. C_D를 정확히 구하는 데는 물체의 회전유속 분포를 자세히 조사할 필요가 있고, 위

에서 설명한 경계층 내의 흐름에 관한 연구도 많다. C_D를 구하는데 또 다른 방법은 물체가 일반 흐름에 주는 영향에서 운동량 법칙을 이용하여 구한다. 그림 1.6.2.3와 같이 물체의 뒤에는 박리(剝離)된 경계층과 유출된 경계층에 의해서 유속이 늦고 흐트러진 부분이 생긴다. 이것을 후류(後流) 또는 반류(伴流)라고 한다. 반류의 명확한 위치에서 검사면을 취하여 운동량 법칙을 적용한다.

흐름의 모습이 시간과 함께 변하지 않고 중력은 생각하지 않는다. II단면 후류부분의 유속을 u'라 하면 u'인 흐름에 의해서 운반되는 질량은 $\int \rho u' dS$, 운동량은 $\int \rho u' dS$이다. 이 질량은 I단면에서 u인 속도를 가지고 있기 때문에 I단면에서 유입할 때의 운동량은 $\int \rho u' u dS$이고 그 차이는 물체에 의해 주어진 운동량의 변화이기 때문에 반작용으로서 유체에서 받는 물체의 저항력 F_D는

$$\begin{aligned} F_D &= \int \rho u' u dS - \int \rho u'^2 dS \\ &= \int \rho u' (u - u') dS \end{aligned} \qquad (1.145)$$

로 주어진다. 따라서, 물체의 후류가 계산 또는 실험에 의해 구해지면 F_D가 구해진다. 이 경우 (1.145)식을 무차원으로 표시하면

$$\left.\begin{aligned} F_D &= C_D A \frac{\rho u^2}{2} \\ C_D &= 2\int \frac{u'}{u}\left(1 - \frac{u'}{u}\right)\frac{dS}{A} \end{aligned}\right\} \qquad (1.146)$$

의 형태로 주어진다.

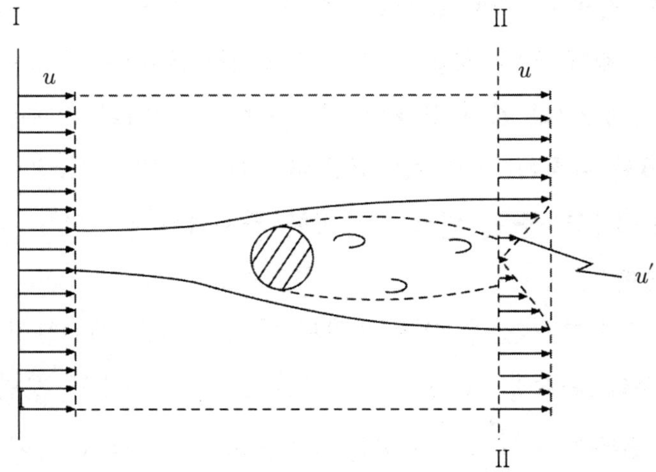

그림 1.6.2.3

1.8.3 실존하는 유체 속의 물체에 작용하는 힘

이상의 고찰에 의해 실존하는 유체 속의 물체에 작용하는 유체의 힘은 (1.137), (1.144)식의 합계로서 구해지며

$$F=(C_{MA}+1)\rho V\frac{du}{dt}-C_{MA}\rho V\frac{dU}{dt}-C_D A\frac{\rho}{2}(U-u)|U-u| \quad (1.147)$$

(1.147)식의 항력항(마지막)의 절대치 기호는 u, U의 대소관계에 다음과 같이 쓸 수 있다. 유체력 F는 물체를 흐름방향에서 누르는 힘을 正(정)으로서

$$\begin{aligned}F=&\ C_M\rho V\frac{du}{dt}-C_{MA}\rho V\frac{dU}{dt}\\&\pm C_D A\frac{\rho}{2}(U-u)^2\end{aligned} \quad (1.148)$$

단, 부호는 $U > u$ 일 때 -

$U < u$ 일 때 +

즉, $U > u$이면 물은 물체운동을 멈추는 방향에서, $U < u$이면 물은 물체운동을 크게 하는 방향에서 작용함을 표시한다.

2. 이류의 기초방정식

연안해역에서 유동은 대단히 복잡하게 그림 2.1에서와 같은 여러 요소가 관련되어 그 유동 특성이 결정된다.

연안으로 유입하는 하천유량(부력)의 크기와 하계의 해면 가열에 의해 해면을 통과하는 열(부력)의 유입, 동계의 해면 냉각에 의한 열(부력)유출의 크기에 의하여 연안해역의 밀도류의 탁월정도가 결정된다. 그리고 해면상으로 부는 바람의 응력 크기에 따라서도 취송류의 탁월정도가 결정된다.

이와 같은 연안 해역에 대한 외력에 대해 문제시되는 연안해역의 개방도(일반적으로, 만폭/만길이로 정의, 수치가 작을수록 개방도가 작다)에 따라 외양의 해황변동의 영향을 받기 쉬운 연안해역과 그렇지 않은 연안 해역으로 구별된다. 그리고 해역의 넓이, 깊이, 해안, 해저지형에 의해 탁월한 유동특성은 변화하기도 하고, 코리올리힘의 크기는 유동의 특성을 크게 변화시키기도 한다. 그리고 해수밀도에 대한 일반성을 요약하면

① 대양의 해수밀도는 1.02~1.03g/cm^3이며 수심증가에 따라 증가한다.

② 해수는 가열되거나 강수에 의해 희석되면 밀도는 감소한다.

③ 해수는 냉각되거나 증발 또는 결빙하여 염분이 증가하면 밀도는 증가한다.

④ 압력은 염분에 거의 영향을 주지 않는다.

⑤ 해수의 밀도는 염분변화보다 수온변화에 더욱 민감하다.

순수의 밀도는 온도와 압력의 두 변화에 의해서 결정된다. 그러나 해수의 경우에는 염분을 하나더 추가하여야 한다. 해수의 밀도변화는 해면에서의 태양열의 복사, 냉각, 강수와 증발현상이 해수의 온도와 염분의 변화를 가져오기 때문에 밀도의 역수를 비용이라 한다.

$$(a_{s.t.p} = 1/\rho_{s.t.p})$$

해수의 밀도를 좌우하는 3개는 염분, 수온, 압력이다. 해수의 밀도는 특별한 경우를 제외하고는 1.0부터 시작된다.

$$\rho_{s.t.p}(\text{밀도}) = (\rho_{s.t.p} - 1) \times 10^3$$

$\rho_{s.t.p}$는 염분, 온도, 수압의 함수이다. 그리고 해면($p=0$)의 경우

$$\sigma_t = (\rho_{s.t.p} - 1) \times 10^3$$

σ_t(sigma-t)라고 부르고, σ_t는 염분과 온도의 함수이다.

〈예제〉 염분 35 ‰, 온도 20℃일 때 밀도가 (ρ=1.02478)이라면, σ_t는 얼마인가?

$$\sigma_t = (\rho_{s.t.p} - 1) \times 10^3 = 24.78$$

해양에서는 소수이하 5위까지 필요로 한다.

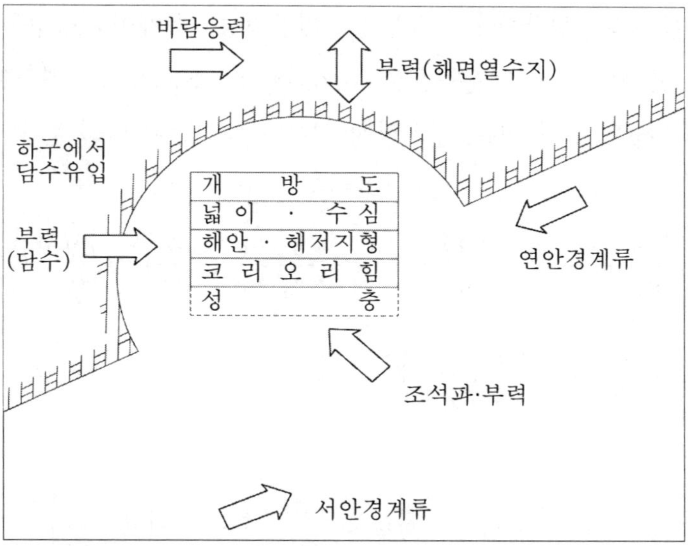

그림 2.1 북반구의 연안해역의 유동특성을 결정하는 요소

보통 연안해역의 성층도의 크기는 그 해역의 특성으로 정해지는 동시에 일단 성층이 발달하면 유동은 경압 mode의 baroclinic(baroclinic = 사중구조(斜重構造), 등밀도면과 등압면이 교차되어 있는 구조)한 성질을 가지기 쉽고, 상층과 하층은 다른 특성을 지니게 된다.

그러나 성층이 해소되면 유동은 순압 mode barotropic (barotropic = 정중구조(正重構造), 등밀도면과 등압면이 평행하게 되어 있는 구조)한 성질을 가지기 쉽고 상층과 하층에서 동일한 특성을 나타내게 된다. 이와 같은 의미로 성층도의 크기는 연안해역의 유동에 대한 내부 parameter인 동시에 외부 parameter도 된다. 연안해역에서 주기는 수초, 파장은 수미터의 풍파(wind wave)로부터 파장이 수천 Km 주기수년의 경년변동(year-to-year variability)까지 폭넓은 주파수(주기의 역수), 파수(파장의 역수)를 가진 유동이 겹쳐 있다. 이와 같은 상태를 연안해역의 유동의 계층구조라고 한다. 다음은 이상의 유동특성을 방정식으로 나타내 보자. 평균해면상에 원점을 취하고 연직방향으로 z축으로

한 직교좌표계를 생각한다. 해수는 비압축성 유체이고 정수압 근사와 Boussinesq 근사를 기초로 운동방정식(momentum equation), 연속식(continuity equation), 부력(밀도)의 이류, 분산방정식은 다음과 같이 나타낼 수 있다.

$$\frac{\partial u}{\partial t}+u\frac{\partial u}{\partial x}+v\frac{\partial u}{\partial y}+w\frac{\partial u}{\partial z}-fv=-\frac{1}{\rho_o}\frac{\partial p}{\partial x}+\frac{\partial}{\partial x}\left(A_h\frac{\partial u}{\partial x}\right) \tag{2.1}$$

$$+\frac{\partial}{\partial y}\left(A_h\frac{\partial u}{\partial y}\right)+\frac{\partial}{\partial z}\left(A_v\frac{\partial u}{\partial z}\right)$$

$$\frac{\partial v}{\partial t}+u\frac{\partial v}{\partial x}+v\frac{\partial v}{\partial y}+w\frac{\partial v}{\partial z}+fu=-\frac{1}{\rho_o}\frac{\partial p}{\partial y}+\frac{\partial}{\partial x}\left(A_h\frac{\partial v}{\partial x}\right) \tag{2.2}$$

$$+\frac{\partial}{\partial y}\left(A_h\frac{\partial v}{\partial y}\right)+\frac{\partial}{\partial z}\left(A_v\frac{\partial v}{\partial z}\right)$$

$$p=\rho_o g\eta-\rho_o\int_z^0 Bdz, \quad B=\frac{\rho_o-\rho}{\rho_o}g \tag{2.3}$$

$$\frac{\partial u}{\partial x}+\frac{\partial v}{\partial y}+\frac{\partial w}{\partial z}=0 \tag{2.4}$$

$$\frac{\partial B}{\partial t}+u\frac{\partial B}{\partial x}+v\frac{\partial B}{\partial y}+w\frac{\partial B}{\partial z} \tag{2.5}$$

$$=\frac{\partial}{\partial x}\left(K_h\frac{\partial B}{\partial x}\right)+\frac{\partial}{\partial y}\left(K_h\frac{\partial B}{\partial y}\right)+\frac{\partial}{\partial z}\left(K_v\frac{\partial B}{\partial z}\right)$$

여기서, u, v, w는 x, y, z방향의 유속, f는 코리올리 인자, ρ_o는 연직평균밀도, p는 압력, Ah, Av는 수평, 연직와동점성계수, B는 부력, g는 중력가속도, Kh, Kv는 수평, 연직와동확산계수를 나타낸다. (2.5)식은 이류, 분산 방정식이지만 (2.5)식의 부력 B는 그 분포가 변하면 (2.3)식에 의해 p의 분포가 변하여 (2.1), (2.2)식의 유동도 변한다. 이러한 의미에서 C는 수동적인 물질(passive material)로 나타내고, B는 능동적인 물질(active material)로 나타낸다. 경계조건은 다음과 같다. 해면 $z=\eta(x, y)$에서 경계조건(boundary condition)은 다음과 같다.

해면 $z=\eta(x, y)$에서

$$\frac{\partial \eta}{\partial t}+u\frac{\partial \eta}{\partial x}+v\frac{\partial \eta}{\partial y}-w=0 \tag{2.6}$$

$$p=P_o \tag{2.7}$$

$$-K_v\frac{\partial B}{\partial z}=\frac{gQ}{\alpha\rho_o C_p} \tag{2.8}$$

$$\rho_o A_v\frac{\partial u}{\partial z}=\tau_x=\rho_a C_d W_x\sqrt{W_x^2+W_y^2} \tag{2.9}$$

$$\rho_o A_v\frac{\partial v}{\partial z}=\tau_y=\rho_a C_d W_y\sqrt{W_x^2+W_y^2}$$

여기서, ρ_o는 대기압, a는 열팽창계수, C_p는 해수의 비열, Q는 해면을 통한 부력의 입출입(해면 가열의 경우는 정(正), 해면 냉각의 경우는 부(負)), τ_x, τ_y는 바람응력의 x, y성분, W_x, W_y는 풍속의 x, y성분, ρ_a는 공기의 밀도, C_d는 해면의 저항계수를 나타낸다. 해저 $z=-h(x, y)$에서

$$u\frac{\partial h}{\partial x}+v\frac{\partial h}{\partial y}+w=0 \tag{2.10}$$

$$K_h\left(\frac{\partial h}{\partial x}\frac{\partial B}{\partial x}+\frac{\partial h}{\partial y}\frac{\partial B}{\partial y}\right)+K_v\frac{\partial B}{\partial z}=0 \tag{2.11}$$

$$\rho_o A_v\frac{\partial u}{\partial z}=\rho_o {\gamma_b}^2 u\sqrt{u^2+v^2} \tag{2.12}$$

$$\rho_o A_v\frac{\partial v}{\partial z}=\rho_o {\gamma_b}^2 v\sqrt{u^2+v^2}$$

여기서, ${\gamma_b}^2$은 해저 마찰계수를 나타낸다. 또한 연안선에서는

$$u=v=0 \quad (\text{non}-\text{slip condition}) \tag{2.13}$$

$$K_h\left(\frac{\partial B}{\partial x}n_x+\frac{\partial B}{\partial y}n_y\right)=Q_R \tag{2.14}$$

여기서, n_x, n_y는 해안선에 직각인 단위 벡타 성분, Q_R은 하천수 유입에 의한 부력의 유입을 표시한다. 외양 해역의 경계조건에 관해서는 문제에 대한 수위, 유속, 부력의 분포와 변동이 주어진다. 예를 들면 입사조석파의 진폭에 따른 수위변동, 유속변동과 서안경계류, 연안경계류에 따른 수위분포, 부력분포 등이 주어진다.

(2.1)~(2.4)식은 연안해역에서 조석, 바람, 해면가열, 해면냉각, 하천수의 유입, 외양의 영향등 모든 효과를 고려한 이류의 기초방정식으로 되어 있다. 이것만 알아두면 이류의 수치계산은 우선 가능하지만 자연 전체를 시뮬레이션하는 것은 불가능하다. 계산을 하기 전에 문제시되는 물질수송에 가장 큰 역활을 하는 유동은 무엇인가를 검토해서 그 유동을 재현, 예측하기 위해 적절한 계산영역, 경계조건을 정하지 않으면 안된다. 또한 계산 결과는 어디까지나 근사해에 지나지 않기 때문에 계산결과의 옳고 그름을 판단

하기 위해서는 연안해역에서 일어나는 여러가지 이류의 기초과정을 정확히 파악해 두지 않으면 안된다. 이후 각 장에서 각각의 힘이 탁월한 경우 연안해역의 유동특성에 대해서 생각해 보고자 한다.

3. 연안에서 물질수송

3.1 물질수송의 기초 방정식

해안수리학의 상세한 내용을 배우기 전에 연안 해역에 대한 물질수송의 기초적인 개념을 파악, 물질 수송의 기초 방정식을 이해해 두는 것이 전체 파악에 좋을 것이다. 조류가 탁월한 연안해역의 어떤 장소에 순간적으로 투입한 물질이 퍼지는 형태는 수시간 동안은 그 지점의 풍파 등에 의해 흩어져 퍼지면서 조류에 의해 운반되어진다. 그리고 수십 시간 후 물질은 조류에 의해 왕복운동을 되풀이하면서 그 지점의 잔차류(殘差流)에 의해 운반되어져 더욱 퍼져 간다. 연안해역의 잔차류는 비발산(非發散)구조를 가지고 있기 때문에 만 내에 수평 순환류를 형성하고 있다. 따라서 수십일 확산되어 상당히 저농도로 된 투입물질은 원래의 투입 지점 부근에 되돌아온다. 수개월 후 투입물질은 만내를 수차례 순환하여 만내의 물질농도는 같아지고 물질의 일부는 인접한 만으로 퍼진다.

이상의 물질수송 개념은 연안해역에서 성질변화를 하지 않는 염분과 같은 보존물질(conservative material)의 경우지만, 질소나 인등의 영양염과 같은 것은 해역에서 화학, 생물작용에 의해 용존형태, 현탁형태 등의 형태변화를 하는 비보존성물질(non-conservative material)의 경우 그 형태변화에 따라 물질농도가 변화하기 때문에 물질 수송의 과정도 복잡하게 된다. 특히 현탁물질의 경우는 침강속도가 생겨 해수와는 상대적인 운동을 하므로 이것도 고려하지 않으면 안된다.

3.2 해상공사에 따른 토사 확산예측

새만금사업은 1991년 식량생산기지 조성을 목적으로 시작된 심해간척으로 2006년 4월 군산에서 부안을 연결하는 33km의 세계 최장의 방조제 물막이 공사를 성공적으로 끝마치면서 우리나라의 심해 간척기술이 세계 최고의 수준임을 입증하였다. 이제는 새만금을 “동북아의 산업과 경제중심지”로 만들기 위해 내부의 간척토지와 호소를 어떻게 개발할 것인가가 중심과제가 되고 있다. 새만금호 관리수위는 평상시 EL.(-)1.5m, 홍수시 EL.(-)1.5m에서 EL.(-)2.0m까지 탄력적으로 조절할 수 있다. 내부지형은 평탄하여 경사도 1° 이하 지역이 전체면적의 90% 이상을 차지하고 있다. 새만금 지역 내 용지조성에 필요한 총 매립토량은 6억 8,281만 m³이다. 매립토량 확보를 위하여 최적준설지역 선정을 위하여 기준을 정한다면 ① 원가절감을 위한 내부지역용지 ② 양질의 매립토 확보 가능지역 ③ 준설에 따른 피해 최소화 지역을 고려하여 정하는 것이 바람직하다고 판단된다. 이러한 기준에서 보면 준설예정지는 금강수역, 새만금 외측해역, 새만금 내측해역에서 준설토의 확보가 가능하다고 판단된다. 이러한 준설해역은 연안해역으로서 생물에게 다양한 생활의 장소로서 제공되기 때문에 다양한 생태계가 형성되어 있다. 본 연구에서는 새만금 해역의 조석, 조류의 특성을 규명하고 준설작업 지점에 따른 부유사의 확산특성을 규명하여 Mitigation이란 관점에서 생물에게 미치는 영향을 최소로 하기 위한 매립토 확보방안을 제시하였다.

3.2.1 조류 및 조석 잔차류의 수치해석

3.2.1.1 조류 · 조석의 지배방정식

새만금간척전의 유속변화를 알아보기 위하여 이용한 계산식은 다음과 같다. 새만금간척지구 연안 해역의 조류·조석계산을 위하여 평균해면을 원점으로 하여 직교 좌표계로 나타내었다. 여기서, x, y축은 수평면, z축은 연직방향으로 하고 u, v, w는 x, y, z축 방향의 유속 성분으로 한다. 그리고 $z=-h$ 및 $z=\eta$는 해저 및 해면으로 한다. 계산의 편리를 위하여 몇 가지 가정을 설정하면 유체는 점성, 비압축성이고 압력은 정수압분포를 한다. 새만금 간척지구해역의 조석, 조류를 계산하기 위하여 이용한 기본 방정식은 다음과 같다.

$$\frac{\partial u}{\partial x}+\frac{\partial v}{\partial y}+\frac{\partial w}{\partial z}=0 \qquad (3.2.1.1)$$

$$\frac{\partial u}{\partial t}+\frac{\partial (uu)}{\partial x}+\frac{\partial (uv)}{\partial y}+\frac{\partial (uw)}{\partial z}-fv=$$
$$-g\frac{\partial \zeta}{\partial x}+\frac{\partial}{\partial x}\left(A_h\frac{\partial u}{\partial x}\right)+\frac{\partial}{\partial y}\left(A_h\frac{\partial u}{\partial y}\right)+\frac{\partial}{\partial z}\left(A_v\frac{\partial u}{\partial z}\right)+F_x \qquad (3.2.1.2)$$

$$\frac{\partial v}{\partial t}+\frac{\partial (vu)}{\partial x}+\frac{\partial (vv)}{\partial y}+\frac{\partial (vw)}{\partial z}+fu=$$
$$-g\frac{\partial \zeta}{\partial y}+\frac{\partial}{\partial x}\left(A_h\frac{\partial v}{\partial x}\right)+\frac{\partial}{\partial y}\left(A_h\frac{\partial v}{\partial y}\right)+\frac{\partial}{\partial z}\left(A_v\frac{\partial v}{\partial z}\right)+F_y$$

3.2.1.2 초기의 위상과 진폭 경계조건과 계산결과

조류 계산을 위하여 수평 격자의 크기는 0.5㎞×0.5㎞로 하였다. 경계는 서·남·북 경계로, 농어촌진흥공사에서 관측으로부터 얻어진 M_2 분조의 진폭과 위상을 다음 식(3.2.1.3)과 같이 수위를 주었다.

$$\zeta = \zeta_o \sin\left(\frac{2\pi}{T_M}t - P\right) \quad (3.2.1.3)$$
$$v = 0$$

여기서, ζ_o, P는 open boundary의 진폭과 위상이고, T_M는 M_2 조석의 주기, t는 시간이다. 초기 조건은 u=0, ζ=0로 하여 계산 영역을 정방형 격자로 나누고, CFL(Courant Friedrics Lewy)조건을 만족하게 계산시간 간격(time step)을 결정하였다. Courant 수의 식은 다음과 같다.

$$C = u\frac{\triangle t}{\triangle x} \le 1 \quad (3.2.1.4)$$

여기서, C는 Courant number, $\triangle x$는 mesh크기, $\triangle t$는 time step, u는 가장 빠른 천해파의 전파속도($\sqrt{gh}$)이다. 경계는 서·남·북 경계로 하였다. 경계치는『해수면 및 해저퇴적변화연구(한국농촌공사, 1988)』보고서로부터 얻어진 그림 3.2.1.2.1의 M_2 분조의 진폭과 위상을 이용하여 계산하였다. 와동점성계수와 와동확산계수는 문제시되고 있는 물질의 확산 크기와 확산방향이 수평방향인가, 또는 연직방향인가에 따라 크게 달라진다. 수평방향의 와동점성계수와 와동확산계수는 $10^1 \sim 10^8\ cm^2/\mathrm{sec}$ 정도 범위에서 변화하며, 4/3승에 비례해서 커지는 것으로 알려져 있다. D_{ht}, D_{vt}는 각각 조류에 의한 수평 및 수직 확산계수이며 혼합이론에 의하여 다음 식으로 구한다. 확산계수를 얻기 위한 조류의 유속은 표 3.2.1.2.1과 같다.

$$D_{ht} = \frac{\beta}{2\pi}U_{amp}^2 \times T_{tide}, \quad D_{vt} = 10^{-5} \times D_{ht} \quad (3.2.1.5)$$

여기서 U_{amp}, T_{tide}는 M_2 조류의 진폭과 주기(12시간25분)이다. β =0.01, 이들의 조유속을 평균하여 수평 확산계수를 구한 결과 648,835cm^2/sec, 수직 확산계수는 6.49cm^2/sec이다. 조류 계산을 위한 매개변수는 〈표 3.2.1.2.2〉와 같다.

표 3.2.1.2.1 확산계수를 얻기 위한 조류의 유속

관측지점	고군산도		외항수로 (PC-3)		도류제입구 (PC-4)		내항수로 (PC-1)		창 · 낙조 평 균
2004. 5	낙조	창조	낙조	창조	낙조	창조	낙조	창조	
유속(cm/s)	103	103	85	115	76	110	71	101	95.50

자료 : 금강하구 수리현상변화조사 보고서, 군산지방해양수산청, 2004. 12.

해도에 표시된 최대치를 근거로 하여 평균유속을 구하는 경우 평균유속(U)는 정연함수로 나타낼 수 있다고 가정하여 다음과 같이 구한다. 표 3.2.1.2.1는 준설해역부근의 해도상의 유속과 관측에 의한 최강유속의 평균을 나타내고 있다. (3.2.1.6)식을 이용하여 평균유속을 구하면 61.12cm/sec이다.

$$U = \frac{2}{T}\int_0^{T/2} U_{\max}\sin\frac{2\pi}{T}t\,dt = 0.64\,U_{\max} \qquad (3.2.1.6)$$

여기서, $U_{\max}$는 최대유속이다.

계산에 이용된 진폭과 위상경계치는 농어촌 진흥 공사와 박승우(1988)에 의하여 연구된 "해수면 및 해저퇴적층변화예측연구"에서 M_2분조의 진폭과 위상 관측데이터와 계산결과는 그림 3.2.1.2.2와 같다. 조류 계산을 위한 매개변수는 표 3.2.1.2.2와 같다.

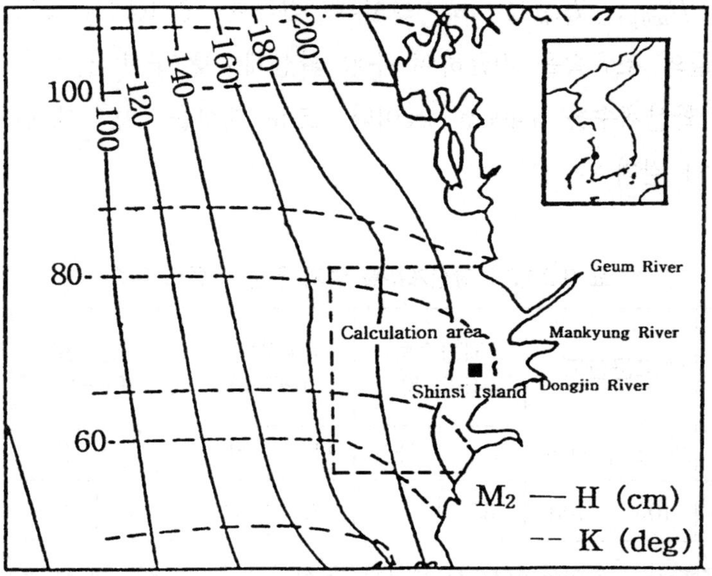

그림 3.2.1.2.1 M_2 분조의 관측치(The phase is refered to 126oE :Jin Island)

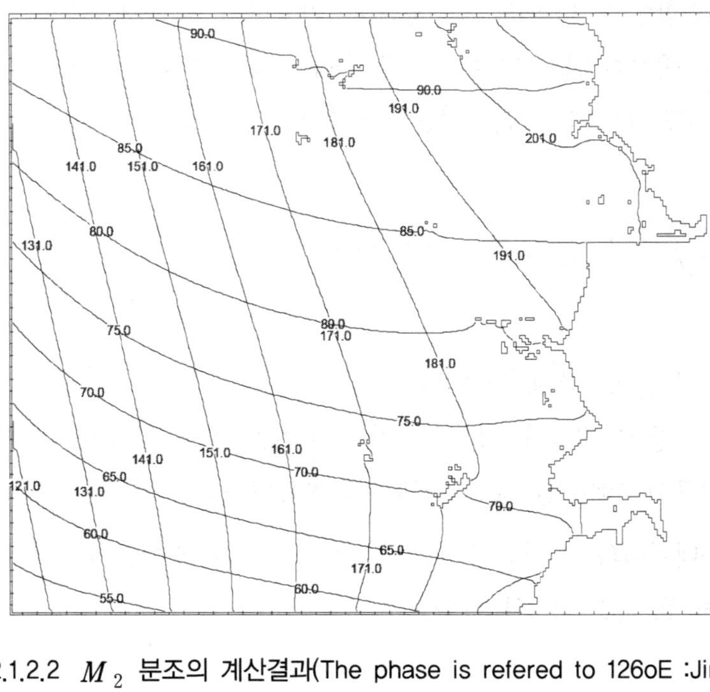

그림 3.2.1.2.2 M_2 분조의 계산결과(The phase is refered to 126oE :Jin Island)

표 3.2.1.2.2 조류 계산을 위한 변수

Mesh interval (△S)	0.5km
Time step (△t)	3.0sec
Coefficient of horizontal eddy viscosity (Ah)	$6.488\times105cm^2s^{-1}$
Coefficient of vertical eddy viscosity (Av)	$6.488cm^2s^{-1}$
Coefficient of horizontal eddy diffusity (Dh)	$6.488\times10^5cm^2s^{-1}$
Coefficient of vertical eddy diffusity (Dv)	$6.488cm^2s^{-1}$
Gravitational acceleration (g)	$980cm\ sec^{-1}$
Coriolis parameter (f)	$8.55\times10^{-5}\ sec^{-1}$
Bottom frictional coefficient	2.6×10^{-3}
Surface frictional coefficient	1.3×10^{-3}
Overall mean density	$1.0238g\ cm^{-3}$
Atmospheric density	$1.2\times10^{-3}\ g\ cm^{-3}$
Wind Velocity and Wind Direction	$3.6(m\ sec^{-1})$ and NW

3.2.2 조류계산결과 및 고찰

새만금해역주변 해역의 조류흐름 변화를 알기위하여 새만금해역주변 해역의 수심자료를 이용하여 조류흐름분포를 분석하였다. 조석 잔차류는 조류 운동의 비선형 성분의 1조석주기 평균에서 파생된 조석응력이 평균류를 일으키는 것을 나타내고 있다. 이와 같이 본래의 평균류 성분을 가지지 않는 왕복운동인 조류의 비선형성의 결과로 생기는 평균류를 조석 잔차류(tidal-induce residual current)라고 한다. 지형의 영향과 조류의 비선형성에 의하여 발생된 조석 잔차류의 계산결과는 그림 3.2.2.1과 같다.

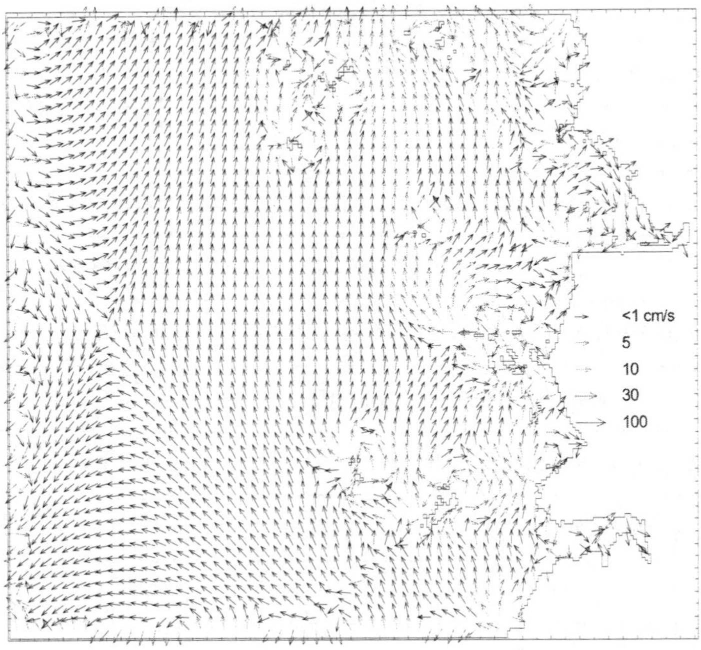

그림 3.2.2.1 M_2분조 조석잔차류의 계산결과

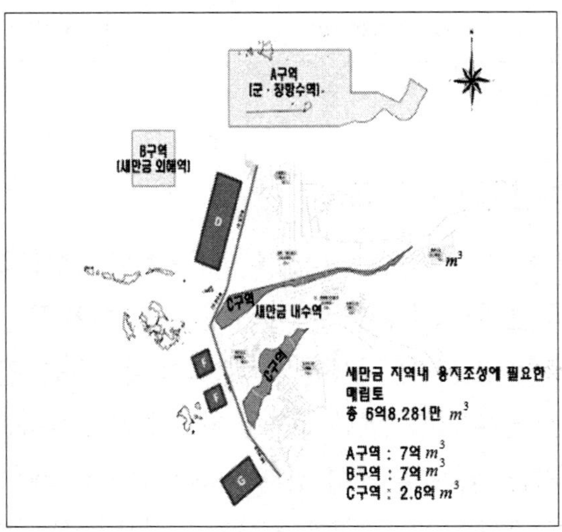

그림 3.2.2.2 매립토 부존량 조사 대상지역

3.2.3 부유사 확산범위 산정을 위한 모형수립

새만금 지역내 용지조성에 필요한 총 매립토량은 6억 8,281만㎥이다. 복합도시용지가 2억 5,533만㎥로 총 소요량의 37%를 차지하며, 과학·연구용지가 1억 801만㎥로 16%를 차지한다. 단계별로 2020년 1단계에는 3억 6,295만㎥으로 총 소요량의 53%가 소요되며, 2021년 이후에 3억 1,986만㎥가 소요된다. 부존량 조사 대상지역은 A구역(금강하구둑~군산외항), B구역(군장산단 서쪽 10km), C구역(새만금호 내수역), D~G구역(방조제 전면)되어있다.

3.2.3.1 토사확산기초방정식

군장항 유지준설 및 항로준설에 따라 발생하는 토사 확산을 고전적 확산이론은 Fick에 의해서 확립되었으며 준설작업에 따른 토사확산을 Fick의 확산식으로 표시하면,

그리고 토사의 침강을 고려하면 다음 식과 같이 된다.

$$\frac{\partial C}{\partial t}+U\frac{\partial C}{\partial x}+V\frac{\partial C}{\partial y}+W\frac{\partial C}{\partial z}=k_x\left(\frac{\partial^2 C}{\partial x^2}\right)+k_y\left(\frac{\partial^2 C}{\partial y^2}\right)+k_z\left(\frac{\partial^2 C}{\partial z^2}\right)-W_0 C \tag{3.2.3.1}$$

여기서 W_0 : 토사의 침강속도

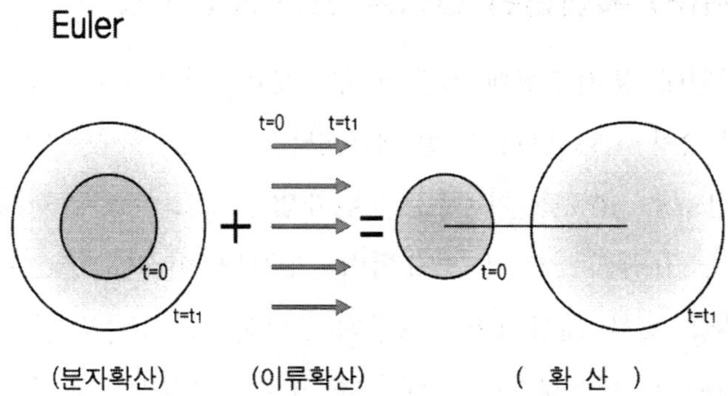

그림 3.2.3.1 Euler에 의한 분자확산과 이류확산 개념도

3.2.3.2 침강속도

액체중 입자의 침강은 입자의 형상, 밀도, 응집성, 액체밀도, 점성 등에 의해서 지배되며 또한 입자의 침강은 단입자 침강, 간섭침강, 압밀침강 등으로 나눌 수 있다.

미세입자가 단일입자로서 정지수중을 낙하하는 경우에 미세입자는 중력작용에 의해서 침강하게 되며, 중력과 유체저항이 평행이 되어 등속운동을 할때 침강속도(W)는 다음식으로 나타낼 수 있다.

$$W = \sqrt{\frac{4}{3}\frac{g}{C_D}\frac{\rho_s - \rho_w}{\rho_w} \times D} \qquad (3.2.3.2)$$

여기서 g : 중력가속도

ρ_w, ρ_s : 액체 및 흙입자의 밀도

D : 흙입자의 직경

C_D : 입자의 저항계수

C_D는 레이놀드 수의 함수로서 구형입자의 경우 다음 식으로 근사된다.

$$R_e < 2 \qquad C_D = \frac{24}{R_e} \tag{3.2.3.3}$$

$$2 < R_e < 500 \qquad C_D = 10\sqrt{R_e} \tag{3.2.3.4}$$

$$500 < R_e < 1000 \qquad C_D = 0.44 \tag{3.2.3.5}$$

(3.2.3.3)~(5)식을 (3.2.3.2)식에 대입하면 각 레이놀드 영역에서 입자의 수직속도는

$$R_e < 2 \qquad W = \frac{g}{18\mu}(\rho_s - \rho_w) \times D^2$$

$$2 < R_e < 500 \qquad W = \left[\frac{4}{255} \times \frac{(\rho_s - \rho_w)^2 g^2}{\rho_w}\right]^{1/3} \times D$$

$$500 < R_e < 1000 \qquad W = \left[3g \times \frac{(\rho_s - \rho_w)^2}{\rho_w}\right]^{1/2} \times D^{1/2}$$

여기서 μ : 액체의 점성계수

직경이 대략 0.0001~0.0032cm인 석영구의 침강속도에 적용되는 Stoke의 법칙은

$$W_O = \frac{2}{9}\left(\frac{\rho_1 - \rho_2}{\mu}\right) g r^2 \tag{3.2.3.6}$$

W_O : 수직침강속도

g : 중력가속도

ρ_1 : 입자의 밀도

ρ_2 : 액체의 밀도

μ : 액체의 점성계수

r : 입자의 반경

3.2.3.3 적용

준설작업 시 발생한 부유사 확산범위산정을 위한 모형은 해수유동실험에서 사용한 영역과 격자체계를 동일하게 적용하였다. 초기상태 및 개방경계의 부유사 농도를 0 mg/l로 설정하였다. 부유사의 침강속도는 부유토사 발생량평가 및 오탁방지막 효율에 관한 연구(Ⅲ) (해양수산부, 2002)에 기술된 침강속도 0.096cm/sec를 사용하였다. 준설작업지점에 따른 토사확산 농도분포는 3차원 조류계산결과를 확산방정식의 이류유속으로 하여 계산하였다. 준설지역은 A Type(군산항과 고군산군도남서쪽 1km 전면 해역), B Type(신시도북쪽과 가력배수 5km 전면 해역) ,C Type(신시도북쪽과 신시와 가력배수갑문 5km 전면 해역)으로 구분하여 동시 준설작업하는 것으로 하였다. 준설작업에 따른 토사확산 농도분포의 단위는 ppm이다. 토사확산 농도분포는 그림 3.2.3.3.1(2)과 같다.

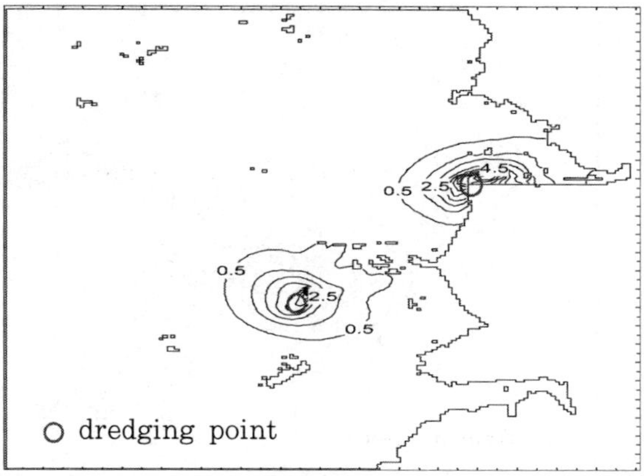

(A) Type

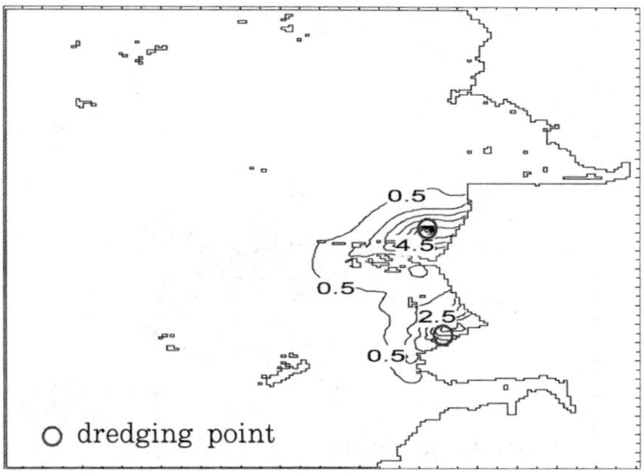

(B) Type

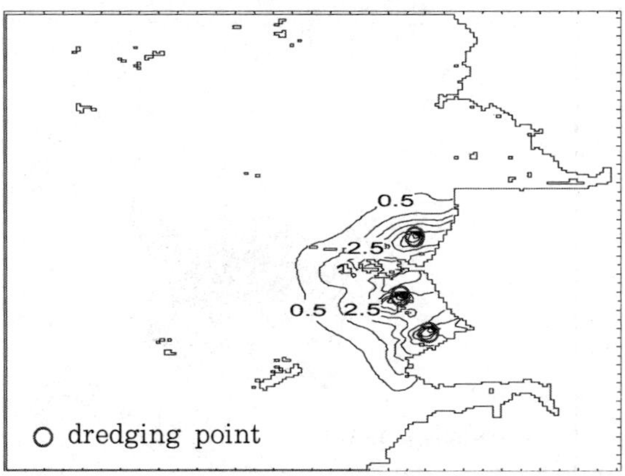

(C) Type

그림 3.2.3.3.1 준설 작업개시 5일후 부유사의 농도 분포

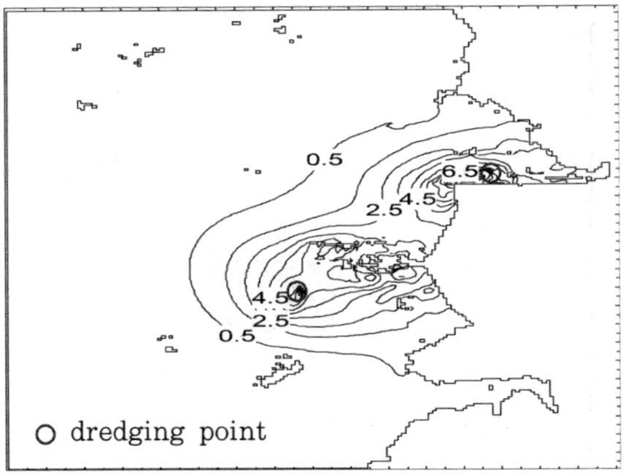

(A) Type

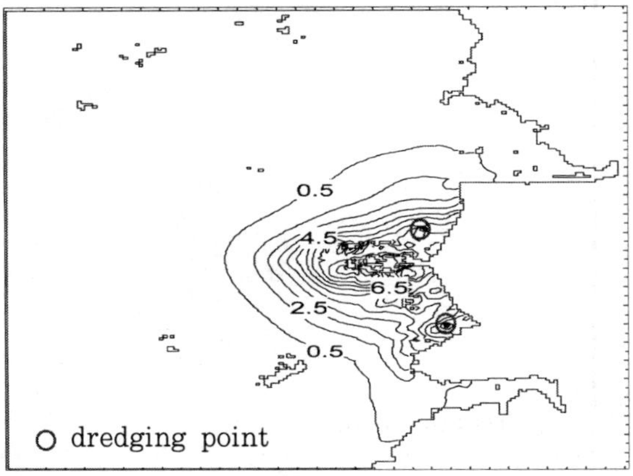

(B) Type

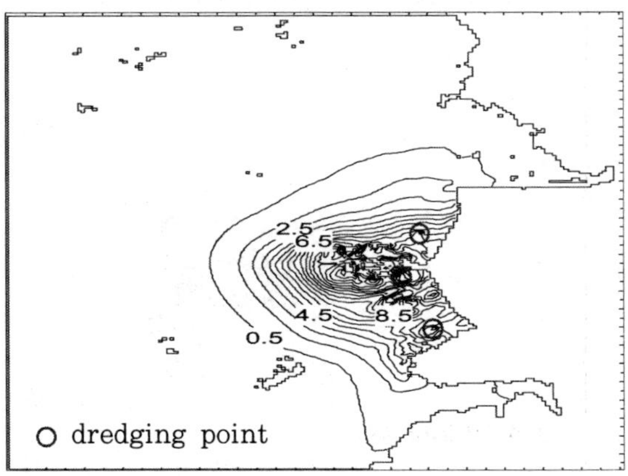

(C) Type

그림 3.2.3.3.2 준설 작업개시 20일후 부유사의 농도 분포

3.2.3.4 계산 결과정리

준설작업에 따른 부유사의 확산특성을 규명하여 생물에게 미치는 영향을 최소로 하기위한 매립토 확보방안을 제시하여 수산의 관점에서 Mitigation의 가능성은 있는가를 알아본 결과 다음과 같은 결론을 얻었다.

(1) 조석 잔차류는 금강 하구역에서 시계방향으로 순환류형태가 나타났다. 또한 조석 잔차류는 고군산군도 남 · 북측해역에서는 시계방향으로 순환하여 고군산군도에 집중하는 형태를 보였다. 그리고 변산 해역에서도 시계방향으로 순환류형태의 흐름이 보였다. 전체적으로는 조석 잔차류는 북쪽으로의 향하는 흐름형태를 나타내고 있다.

(2) 준설지역은 (A)Type, (B)Type, (C)Type으로 구분하여 동시 준설작업하는 것으로 하였다. (A)Type은 위도와 고군산군도, 충남 비인만해역까지 부유사가 확산되었다. 그 주된 원인은 조석 잔차류 흐름성분이 북쪽으로의 향하기 때문이라고 판단된다.

(3) (B)Type은 금강하구 군산 해역측과 고군산군도, 곰소만 입구해역까지 부유사가 확산되었다.

(4) (C)Type은 부유사의 확산형태는 (B)Type과 유사하였으나 확산범위는 약간 확대되었나 고군산도에 부유사의 농도가 집중되었다. 따라서 생물에게 미치는 영향이 클 것으로 예측된다. 고군산도에 부유사의 농도가 집중된 원인은 고군산군도 남 · 북측해역에서 조석 잔차류가 집중하기 때문이라고 판단된다. 따라서 이러한 부유사의 확산분포 특성을 고려하여 준설하면 생물에게 미치는 영향을 최소로 하면서 매립토를 확보할 수 있다고 판단된다.

3.2.4 라그랑즈(Euler Lagrange)법에 의한 현탁입자의 거동

유동, 염분지역에서의 현탁입자의 거동을 오일러 라그랑즈(Euler Lagrange)법으로 추정한다. 그러기 위해서 우선 다음과 같은 가정을 한다.

1) SS는 저마다 정해진 반경과 밀도를 가진 구형입자의 집합체이다.
2) 각 입자의 운동은 그 장소의 유속, 난류, 입자 자체의 침강속도에 의해 결정된다.
3) 입자의 침강속도는 Stoke's법칙을 따른다.
4) 일단의 저층에 침강한 SS는 재 부상하지 않는다.

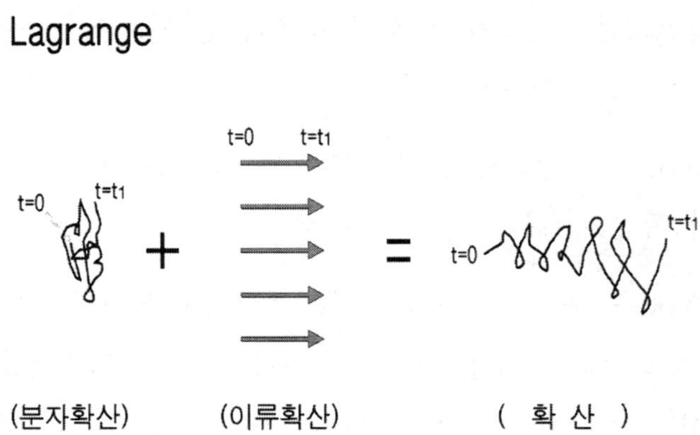

그림 3.2.4.1 Lagrange에 의한 분자확산과 이류확산 개념도

연직 2차원의 경우 이상과 같은 가정하에 어느 시각 $n(x^n,\ z^n)$에 존재하는 밀도 ρ^n, 반경 γ^n, 입자의 Δt 시간 후의 위치 $(x^{n+1},\ z^{n+1})$는 다음과 같이 계산된다.

$$x^{n+1} = x^n + u(x^n,\ z^n)\cdot\Delta + \frac{\partial u}{\partial x}u(x^n,\ z^n)\cdot\Delta t^2 \qquad (3.2.4.1)$$

$$+ \frac{\partial u}{\partial z}w(x^n,\ z^n)\cdot\Delta t^2 + R_x$$

$$z^{n+1} = z^n + w(x^n,\ z^n)\cdot\Delta + \frac{\partial w}{\partial x}u(x^n,\ z^n)\cdot\Delta t^2 \qquad (3.2.4.2)$$

$$+ \frac{\partial w}{\partial z}w(x^n,\ z^n)\cdot\Delta t^2 + R_z$$

$$+ w_s(\rho^n,\ \gamma^n)\cdot\Delta t$$

$$w_s(\rho^n,\ \gamma^n) = \frac{2}{9}g\frac{\rho^n - \rho(x^n,\ z^n)}{\mu}(\gamma^n)^2 \qquad (3.2.4.3)$$

여기서, u, w는 x, y방향의 유속, w_s는 Stoke's 법칙에 기초한 입자 침강속도, μ는 물의 분자점성계수를 나타낸다. R_x, R_z는 x, z방향의 난류에 의한 입자이동 거리를 표시하고 다음 식에 의해서 구해진다.

$$R_x = r_x\sqrt{2\Delta D_x}\ ,\qquad R_z = r_z\sqrt{2\Delta t D_z} \qquad (3.2.4.4)$$

여기서, r_x, r_z는 평균 0, 표준편차 1.0의 정규난수, D_x, D_z는 x, z방향의 분산계수이다.

입자응집은 다음 식에 의해서 고려되고, 즉 초기밀도 ρ_o, 반경 r_o의 입자가 다음 식에 의해 염분과 시간의 함수로서 밀도와 반경을 변화시킨다.

$$\gamma^n(S,\quad) = \gamma^\infty - (\gamma^\infty - \gamma^0)e^{-\alpha st} \qquad (3.2.4.5)$$

$$\rho^n(S,\ t) = \rho^\infty - (\rho^\infty - \rho)e^{-\alpha st} \qquad (3.2.4.6)$$

여기서 (r^{∞}, ρ^{∞})는 응집전의 반경과 밀도가 (r_o, ρ_o)인 입자의 응집완료 후 최종반경, 최종밀도를 표시하고, Kranck(1974)와 Gibbs(1985)의 실내 실험결과로부터 다음 식으로 하였다.

$$\gamma^{\infty} = 2.80 \times (\gamma^{0})^{0.77} \tag{3.2.4.7}$$

$$\rho^{\infty} = 0.00019 \times (\gamma^{\infty})^{-0.97} + 1.0 \tag{3.2.4.8}$$

즉, 담수 중의 (r_o, ρ_o)의 반경과 밀도를 가진 입자는, 염분 5‰의 해수 중에서 약 5분에 응집을 완료하고 처음 반경의 약 2배 반경을 가진 입자로 성장한다. 그러나 응집하는 입자 사이에 해수가 혼합하기 때문에 응집 후의 입자밀도는 감소한다. 실제 계산에서는 각 단계에서 하구역 내의 각 mesh 입자의 전 질량을 합하고 응집에 의한 질량 증가와 같은 질량만큼 응집 생성된 mesh 내 입자를 random하게 소멸시키는 조작을 하므로 하구역 내의 SS의 총질량은 보존되게 하였다.

토사를 입자의 집합체로 보면 조류, 잔차류, 난류의 영향을 생각한 3차원의 수치 시뮬레이션에 의한 금강에서 유출된 토사의 확산은 토사평균입경이 30mm, 200mm, 비중이 2.65일 때의 계산결과를 나타내고 있다(shin, 1996).

3.2.4.1 금강하구에서 부유사 거동특성

금강하구에서 3차원으로 잔차류를 구하고 이 잔차류를 이류유속으로 하여 금강하구에서 투입한 흙입자의 분포를 나타내고 있다. 부유사의 수송 *Model*은 대상해역의 흐름특성을 규명한 후 부유사의 특성을 고려한 입자 추적실험을 하였다. 계산은 방조제 축조전 잔차류의 계산결과를 이용하여 *Euler*－*Lagrange* 방법으로 부유사의 분산과정을 수치실험 하였다.

3.2.4.1.1 경계조건과 초기조건

계산은 금강의 하구둑에서 토사를 방류시켜 확산 분포를 알아 보았다. 경계조건은 표 3.2.4.1.1과 같다. 토입자의 침강속도는 Stocks Law's 의 법칙을 적용하였다.

표 3.2.4.1.1 계산에 사용된 매개변수

투하시간	24hr and 72hr
흙입자의 밀도	2.65
흙입자의 방류 갯수	200

3.2.4.1.2 계산결과

계산은 진단모형에서 계산한 잔차류 성분과 토입자의 침강속도를 고려하여 계산하였다. 그 결과 그림 3.2.4.1.1에서 그림 3.2.4.1.6과 같다. 그림에서 알 수 있듯이 토입자의 입경이 클수록 이동거리가 짧은 것을 알 수 있다. 표 3.2.4.1.2는 토입자의 입경과 방류시간에 따른 토입자의 침강 갯수와 부유 갯수를 나타내고 있다.

표 3.2.4.1.2 토입자의 침강과 부유갯수

토입자의 중앙입경	투하시간	흙입자의 방류 갯수	
		흙입자의 부유 갯수	흙입자의 침강 갯수
150㎛	24hr	172	28
150㎛	72hr	64	136
300㎛	24hr	162	38
300㎛	72hr	56	144
400㎛	24hr	160	40
400㎛	96hr	34	166
400㎛	120hr	23	177
400㎛	120hr	15	185

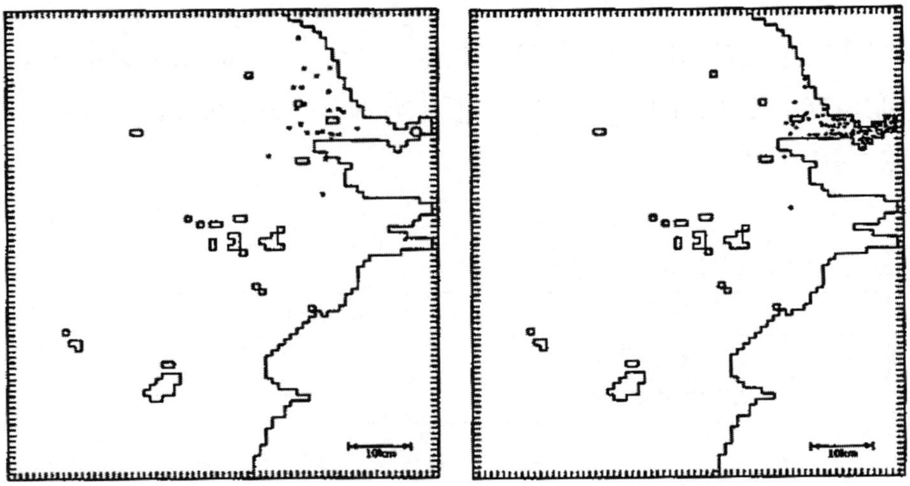

착 저 부 유

그림 3.2.4.1.1(a) 새만금 간척전 금강의 부유사 퇴적과 부유분포(토립자의 크기: 150㎛, 방류후 24hr)

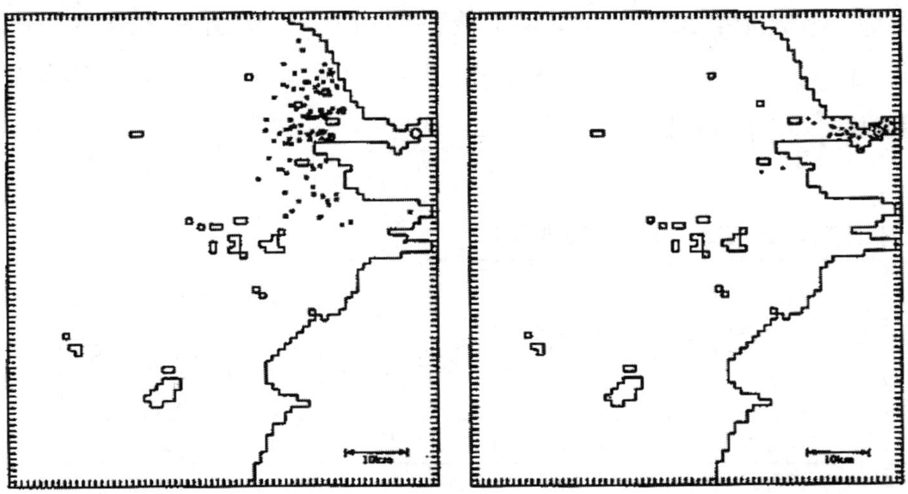

착 저 부 유

그림 3.2.4.1.1(b) 새만금 간척전 금강의 부유사 퇴적과 부유분포(토립자의 크기: 150㎛, 방류후72hr)

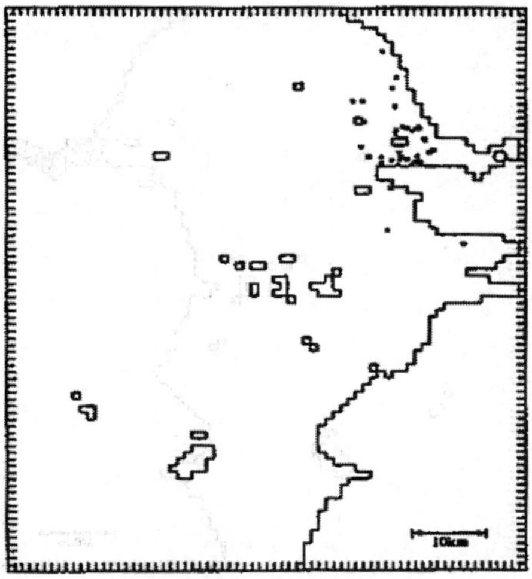

착 저 부 유

그림 3.2.4.1.2(a) 새만금 간척전 금강의 부유사 퇴적과 부유분포(토립자의 크기: 300㎛, 방류후 24hr)

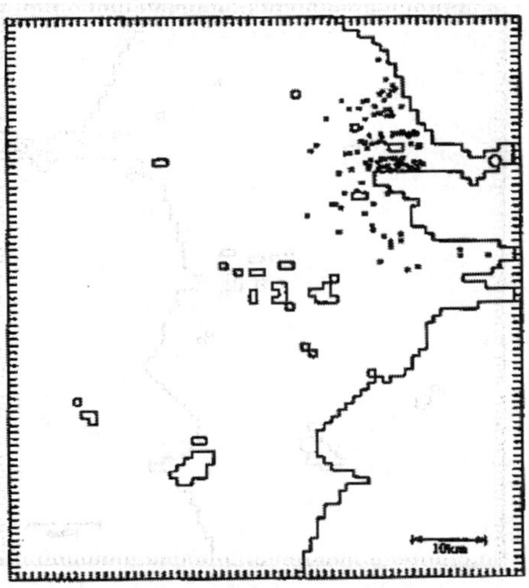

착 저 부 유

그림 3.2.4.1.2(b) 새만금 간척전 금강의 부유사 퇴적과 부유분포(토립자의 크기: 300㎛, 방류후 72hr)

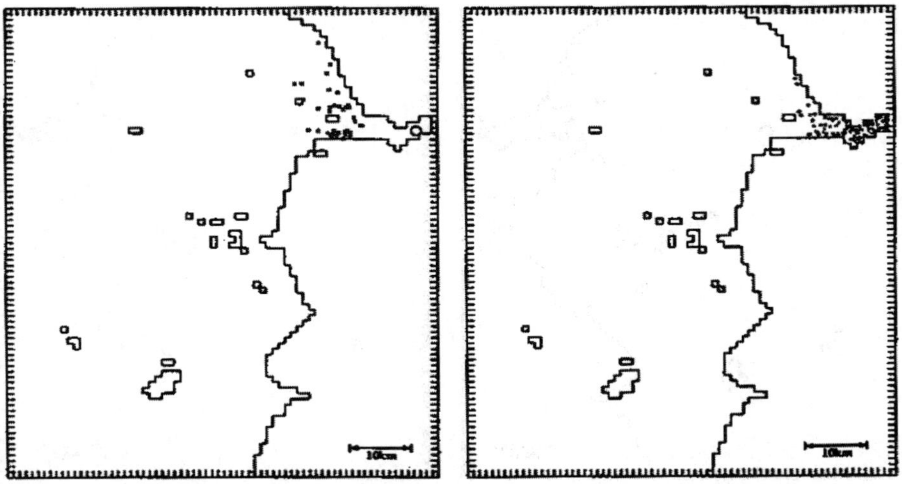

착 저　　　　부 유

그림 3.2.4.1.3 새만금 간척후 금강의 부유사 퇴적과 부유분포(토립자의 크기: 400㎛, 방류후 24hr)

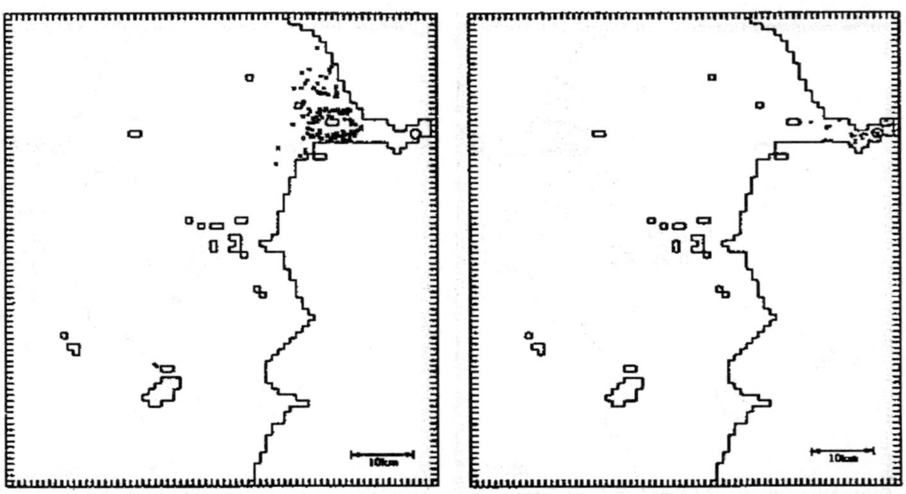

착 저　　　　부 유

그림 3.2.4.1.4 새만금 간척후 금강의 부유사 퇴적과 부유분포(토립자의 크기: 400㎛, 방류후 96hr)

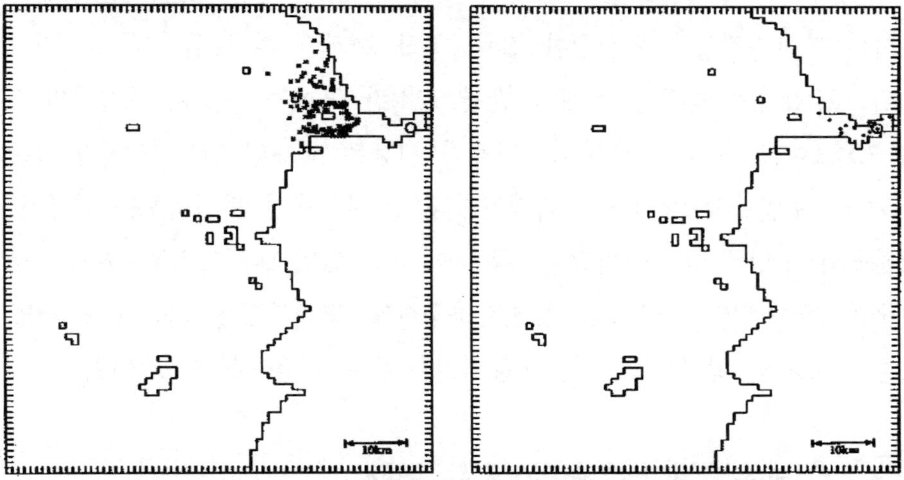

착 저 부 유

그림 3.2.4.1.5 새만금 간척후 금강의 부유사 퇴적과 부유분포(토립자의 크기: 400㎛, 방류후120hr)

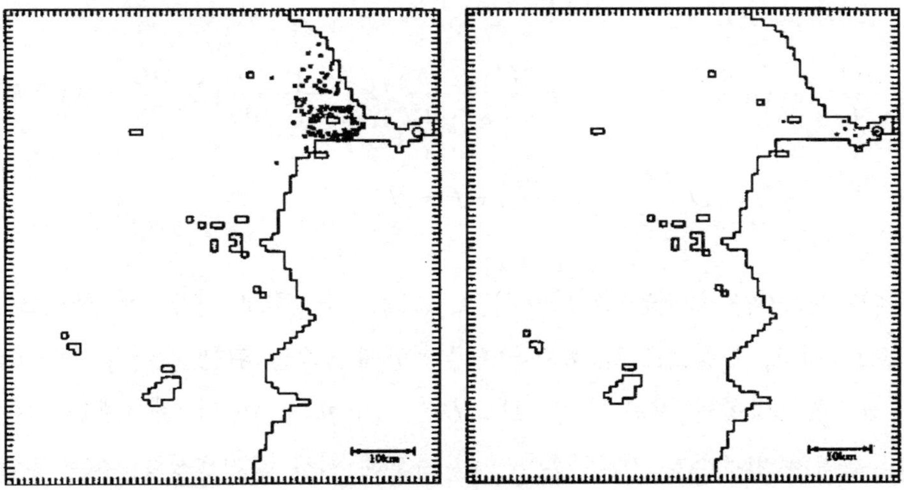

착 저 부 유

그림 3.2.4.1.6 새만금 간척후 금강의 부유사 퇴적과 부유분포(토립자의 크기: 400㎛, 방류후 144hr)

금강하구의 퇴적변화를 예측하기 위하여 *Euler-Lagrange* 방법으로 부유사의 분산과정을 수치실험한 결과, 투하 24시간 후 토입자의 크기가 150㎛일 때 입자의 침강은 28개인 반면 72시간 후에는 136개, 토입자의 크기가 300㎛이고 투하 24시간 후 입자의 침강은 38개인 반면 72시간 후에는 144개로 투입량의 약 1/5이 퇴적하였다. 24시간후의 퇴적분포는 대부분 금강하구와 장항해역에서 퇴적분포를 나타내고 있었으나 72시간 후에는 금강하구와 장항해역, 만경강과 동진강하구까지 퇴적분포를 나타내고 있었다. 또한 토입자의 입경이 클수록 이동거리가 짧은 것을 알 수 있었다.

3.2.5 보존물질이 수송되어지는 형태

투입물질이 연안해역의 어느 지점에서 농도의 시간변화는 다음의 이류, 확산방정식(advection-diffusion equation) 또는 이류, 분산방정식(advection-dispersion equation)으로 기술된다.

$$\frac{\partial C}{\partial t} = -\left(u\frac{\partial C}{\partial x} + v\frac{\partial C}{\partial y} + w\frac{\partial C}{\partial z}\right) + \frac{\partial}{\partial x}\left(D_x\frac{\partial C}{\partial x}\right) + \frac{\partial}{\partial y}\left(D_y\frac{\partial C}{\partial y}\right) \quad (3.2.5.1)$$

$$+ \frac{\partial}{\partial z}\left(D_z\frac{\partial C}{\partial z}\right) - W_0\frac{\partial C}{\partial z} + P - B$$

여기서, C는 물질농도, t는 시간, x, y, z는 직교 좌표에서 해면을 원점으로 하고, 수평으로 x, y축을 연직방향에 z축을 취한 것이다. u, v, w는 x, y, z방향의 유속, D_x, D_y, D_z는 x, y, z방향의 분산계수, W_0는 현탁물질의 침강속도, P는 화학, 생물작용에 의한 물질생성률, B는 동일한 화학, 생물작용에 의한 물질 소모율을 나타낸 것이다. 우변의 제 5, 6, 7항이 영양염과 같은 비보존물질에 적용되는 항이고 염분과 같은 보존물질의 경우는 $W_0 = P = B = 0$로 된다. 해역에서 보존물질이 수송되어지는 형태에는 이류(advection)와 확산(diffusion), 분산(dispersion)이 있다. 이류에 의한 물질 플럭스가 현저한 경우에는 물질은 주로 같은 농도선에 평형되게 수송되고 확산 또는 분산에 의한 물질 플럭스가 두드러진 경우에 물질은 주로 직교해서 수송된다. 양자의 비를 피크렛 수(peclet number)라고 한다. (3.2.5.1)식은 보존물질의 경우 이류에 의한 물질 플럭스(uC, vC, wC)로 분산에 의한 물질 플럭스($D_x \partial C/\partial_x$, $D_y \partial C/\partial_y$, $D_z \partial C/\partial_z$)가 수렴되면 물질농도가 상승하고 발산되면 농도가 하강된다는 것을 나타낸다. (3.2.5.1)식에서 연안 해역에서의 물질농도의 시간변화를 정량적으로 밝히기 위해서는 그 해역의 이류와 분산의 구조를 파악할 필요가 있다. 또한 물질이 어느 정도 화학변화를 받는가, 어느 정도 생물에 섭취되는가, 해수 그 자체의 운동으로는 어느 정도 다른 거동을 나타내는가를 밝히는 것이 필요하다. 물리적인 문제로 되는 것은 우리들이 문제시하는 물질의 확산시간, 확산범위에 의해 이류와 분산의 내용이 변할 수 있다고 생각하지 않으면 안된다는 것이다. 예를 들면 물질(예: 준설작업) 투입 수시간 후 물질확산을 생각할 경우, 이류로서는 조류, 분산으로서는 조류의 수평, 연직점성과 그 직각 방향의 난류 확산이 결합된 분산을 생각할 필요가 있다. 그러나 물질 투입후 수십 시간 후의 물질확산을 생각할 경우에는 사정이 다르게 된다. 이 경우 이류로는 잔차류, 분산으로는 조류의 왕복운동에 의한 분산을 생각할 필요가 있다. 더욱이 이 같은 상황에서는 이류는 거의 0으로 되어 분산으로는 잔차류의 수평, 연직 응력과 조류에 의한 확산효과가 결합된 분산을 생각하지 않으면 안된다.

따라서, 연안 해역에 대한 물질교환, 물질확산과 농도시간변동을 밝히려고 한다면 몇초 몇 미터로 부터 수백일, 수백㎞에 달하는 폭넓은 시공간범위에 대해서 이류, 분산의 구조 그리고 화학, 생물특성을 파악해 두는 것이 필요하게 된다.

이와 같은 생각으로 시공간 범위에 따라 문제되는 현상을 다시 파악한다고 하는 것은 파 또는 흐름에 관해서도 어느 정도 바람직하다. 일반적으로 파는 “운동에 따른 에너지가 물 입자와 같이 진행되는 운동형태”로 정의된다. 그러나 이러한 정의도 전체 시간, 공간까지는 적합하지 않다. 예를 들면 풍파는 주기가 5초, 파장은 수미터 정도이고 물 입자는 어떤 타원궤도를 이룰 뿐 물 입자 그 자체가 파동에너지라 하더라도 멀리 이동되는 것은 아니다. 그러나 모래에 사는 미세한 박테리아나 펜토스 등에서 보면 풍파에 의한 물 입자의 운동조차도 자신 크기의 범위를 훨씬 넘는 큰 규모의 흐름으로 파악될 것이다. 아주 동일한 조류에 의한 물 입자의 운동도 우리의 시공간의 감각으로 이해되는 흐름으로 파악되지만 앞에서 기술한 바와 같이 조류의 흐름정도는 약 10㎞정도를 초과하는 공간범위이고 며칠의 시간범위의 현상을 생각할 경우에는 조류도 파동으로 생각하는 편이 적절하겠다. 물질분산과의 관계로 말한다면 파동으로 이해되어지는 현상은 모두 분산계수로 (3.2.5.1)식에 D_x, D_y, D_z로 취급되지 않으면 안된다.

3.2.5.1 확산의 개념

비이커의 물에 잉크를 떨어뜨리면 잉크는 곧 수중에 퍼져간다. 이것은 비이커중의 물분자의 브라운 운동에 의한 것으로 이와 같은 물질의 확산을 분자확산(molecular diffusion)이라 한다. 분자확산의 속도는 분자확산계수(molecular diffusion coefficient)로 나타낸다. 분자확산계수는 확산하는 물질이 운동량의 경우에는 특히, 동점성계수(molecular viscosity coefficient)라고도 한다. 동점성계수는 수온에 따라 변화되지만 일반적으로 $10^{-2}cm^2/sec$정도이다. 일반적으로 동점성계수(ν)와 열분자 확산계수와 염(鹽)의 분자확산계수는 다르다. 열분자확산계수 (KT)는 $10^{-3}Cm^2/sec$, 염(鹽)의 분자확산계수(Ks)는 $10^{-5}cm^2/sec$정도이다. ν/KT는 후랜들 수(Prandtl number), ν/Ks는 슈미트수(Schmidt number)라고 한다. 열과 염의 분자확산계수가 100배나 다른 것은 다음에 설명되는 이중확산의 원인으로 본다. 그리고 비커중의 잉크를 "빠르게 확산시키려고 한다면 혼합봉으로 휘저어주면 좋다. 실제의 해수는 비이커 속의 물같이 정지되어 있는 것이 아니다. 풍파와 조류 등에 의한 여러 가지 난류와 와류가 있다. 이와 같은 난류와 와류에 의한 물질 확산을 난류확산(turbulent diffusion) 혹은, 와동확산(eddy diffusion)이라 한다. 이 확산속도는 난류확산계수(turbulent diffusivity) 또는, 와동확산계수(eddy diffusivity)로 나타낸다. 여기서는 와동확산(渦動擴散)이라 하는 용어를 사용한다. 이와 같은 와(渦)운동에 의해 열과 염분 같은 물질뿐만 아니라 유체의 운동량도 확산된다.

와동에 의한 운동량의 확산속도는 와동점성계수(eddy viscosity coefficient)로 표현되나 일반적으로 와동점성계수의 크기는 물질의 와동확산계수보다 크다. 와동점성계수, 와동확산계수는 문제시되고 있는 물질의 확산 크기와 확산방향이 수평방향인가, 또는 연직방향인가에 따라 크게 달라진다. 즉, 운동량과 물질확산에 관계되고, 그 장소에 존재하는 와류의 크기가 각각 다르기 때문이다. 수평방향의 와동점성계수, 와동확산계수는 101~108cm^2/sec정도 범위에서 변화하며, 일반적으로 크기의 4/3승에 비례해서 커지는 것으로 알려져 있다(Richardson, 그림 3.2.5.1). 그림 3.2.5.1은 근사적으로 아래 식으로 나타낼 수 있다.

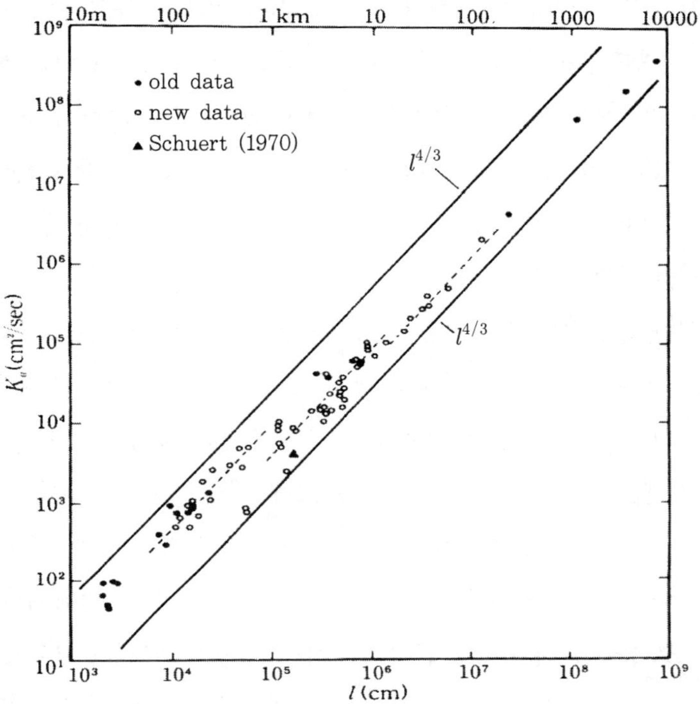

그림 3.2.5.1 와동확산계수와 확산 크기와 관계

$$\log(K_h) = 1.0\ \log(l^{1.1})\text{-}1.7$$

연직와동점성계수, 연직와동확산계수의 크기는 성층상태와 흐름전단응력의 크기에 의해 크게 의존되나 0.1~10cm^2/sec정도이다.

3.2.5.2 분산의 개념

바다에서 확산은 와동운동에 기인하는 난류확산, 와동확산에 의한 것이라고 생각된다. 해양중의 크고 작은 여러 형태의 와동운동에 의한 확산은 난류가 물질을 주로 확산시킨다고 생각된다. 현장 해역에서의 물질확산을 주의 깊게 관찰하여 보면 물질확산은 난류확산이라기 보다는 주로 전단력 확산[(shear diffusion)=분산(dispersion)]에 의한 것으로 밝혀졌다. 분산의 경우는 흐름의 전단력응력보다 물질과 주위 해수의 경계면에서 확산되고 난류확산의 영향을 보다 크게 받기 때문에 물질의 확산 속도는 크게 된다. 이와 같은 효과에 의해서 분산계수는 와확산 계수보다 1자리에서 2자리로 크게 된다고 알려져 있다. 분산은 흐름의 전단응력과 그 전단력에 직각방향의 와확산이 결합되어 발생되기 때문에 문제로 되는 시공간 크기, 물질종류, 투입점의 차이 등에 따라 어느정도 흐름의 전단력, 와확산이 탁월한가에 따라 분산계수의 크기는 다르게 된다.

① 분산계수의 추정법

분산계수 크기를 결정하는데 어떻게 하면 좋은가를 생각해 보려고 한다. 예를 들면 해면(海面)에 투입된 물질이 수 시간, 수 Km크기의 확산을 문제시할 경우에는 일반적으로 조류의 연직전단력, 바람이 강한 경우에는 취송류의 연직전단, 투입점이 하류부근인 경우에는 일반적으로 밀도류의 연직응력이 뚜렷할 것이다. 이와 같은 경우에 우선 문제시되는 시간 T까지에 물질이 연직적으로 혼합되는 수심 h는 다음 식으로 구한다.

$$h = \sqrt{TK_v} \qquad (3.2.5.2.1)$$

여기서, K_v는 그 장소의 연직 와동확산계수이다. 다음으로 그 수심 h까지 흐름의 전단력의 크기 dU/dz를 알면 밝혀지면 수평분산계수 D_h는 다음 식으로 추정이 가능하다(Corrsin, 1953).

$$D_h = \frac{1}{3}\cdot\left(\frac{dU}{dz}\right)^2\cdot K_v\cdot T^2 \qquad (3.2.5.2.2)$$

그리고, 수심이 얕고, 시간 T까지에 물질이 해면에서 해저($z = H$)까지 혼합되었다면, 수평분산계수는 다음과 같다(Taylor, 1953).

$$D_h = \frac{1}{120} \cdot \frac{H^4}{K_v} \cdot (\frac{dU}{dz})^2 \qquad (3.2.5.2.3)$$

이와 같은 물질의 경계를 알 수 있는가 알 수 없는가에 따라 분산계수의 난류확산계수에 대한 의존성은 달라지게 된다. 즉 물질의 경계가 나타나기까지 물질은 연직 와동확산계수가 클수록 연직방향으로 퍼져 연직전단력의 효과를 크게 받는다. 따라서 물질은 수평방향으로도 빠르게 퍼지게 된다. 이와 같이 이 단계에서의 분산계수는 연직 와동확산계수에 비례한다. 한편, 물질이 해저까지 도달하면 연직와동확산계수가 작을수록 물질은 연직전단력에 의하여 수평방향으로 확대되어 아주 빠르게 수평방향으로 퍼져가게 된다. 따라서 이 단계에서 분산계수는 연직 와동확산계수에 반비례한다. 해면으로부터 투입된 배설물 등이 짧은 시간 물질의 확산을 문제로 하는 경우 (3.2.5.2.2)식의 분산계수를, 염분과 영양염 등이 장시간 물질의 확산을 문제로 하는 경우에는 (3.2.5.2.3)식의 분산 계수를 이용한다. 또한 문제되는 물질이 니입자(泥粒子)와 같이 자체의 침강 속도를 가질 경우에는 위의 분산과정에 포함하여 연직 방향의 이류과정도 함께 생각하여야 된다. 또 기름과 같이 해면에 포착되는 물질의 경우에는 조류와 취송류의 수평전단응력과 수평와동확산계수에 의한 분산계수를 생각할 필요가 있다. 이상과 같은 수 시간, 수 km범위의 분산계수의 추정이 가능하다면 이 보다 큰 시공간 범위의 물질의 확산을 문제로 하는 경우에는 그 크기에 특징적인 이류를 취하고 그 이류전단응력과 1단계 크기의 작은 분산 계수를 와동확산계수로 하여 문제의 시간, 공간 크기의 분산계수가 추정 가능하다. 위 조작을 되풀이하면 임의의 시, 공간 크기의 분산계수를 측정하는 것이 가능하게 된다. 또한 조류와 같이 x, y 두 방향의 전단응력을 가지는 경우에는 x방향의 물질분산 플럭스(flux)에 y방향의 조류전단력과 물질의 농도경사도 관여되기 때문에 그 분산 플럭스(flux)는 다음과 같은 텐서(Tensor) 형식으로 표현되어진다.

$$\begin{pmatrix} F_x \\ F_y \end{pmatrix} = \begin{pmatrix} D_{xx} & D_{xy} \\ D_{yx} & D_{yy} \end{pmatrix} \begin{pmatrix} -\dfrac{\partial C}{\partial x} \\ -\dfrac{\partial C}{\partial y} \end{pmatrix} \tag{3.2.5.2.4}$$

여기서, F_x, F_y는 x, y방향의 물질 분산플럭스(flux), D_{ij}에서 (i,j)는 x, y축을 의미한다.)는 분산계수 텐서(Tensor)를 나타낸다. 조류의 분산계수는 다음과 같이 측정이 가능하다(Awaji and Kunishi, 1983).

$$D_{ij}^t = \frac{1}{HK_v} sin(\sigma t_i)\ \sin(\sigma t_j) \int_{-H}^{0} \phi_i \phi_j \, dz \tag{3.2.5.2.5}$$

$$\phi_i = \int_{-H}^{z} U_i \, dz \qquad \phi_j = \int_{-H}^{z} U_j \, dz \tag{3.2.5.2.6}$$

$$u_i = U_i(z) \sin(\sigma t_i) \tag{3.2.5.2.7}$$

$$t_j = t_i - \delta \tag{3.2.5.2.8}$$

여기서, D_{ij}^t는 시간적으로 변하는 분산 텐서(Tensor), H는 수심, $\delta = 2\pi/T$로 T는 조석주기, δ는 x방향과 y방향의 조류위상차를 나타낸다. x, y방향의 조류전단응력 U_x, U_y적분이 조류의 분산 텐서(Tensor)가 된다. 그리고 1조석주기로 평균한 조류분산텐서는 (3.2.5.2.5)식을 시간평균하면 다음과 같이 된다.

$$< D_{ij} \geqq \frac{1}{HK_z} < \sin(\sigma t_i) \cdot \sin(\sigma t_j) > \int_{-H}^{0} \phi_i \phi_j \, dz \tag{3.2.5.2.9}$$

여기서, 〈 〉는 1조석주기평균을 나타낸다. 수치계산을 할 경우 모델에 따라 어떠한 분산 계수를 이용하면 좋은가는 다르다. 수평 2차원 모델의 경우에는 여기서 설명한 조류 분산 모델을 이용하면 좋지만, 3차원 모델의 경우 연직방향의 흐름 전단응력이 모델(Model)내에서 재현되어진다면 전단 응력효과는 모델내에서 자동적으로 발생한다. 따라서 이용되는 분산계수로서는 전단응력의 재현 불가능한 연직방향의 1 Mesh(격자)내의 분산효과를 인자화 시킨 것을 적용하면 좋게 된다.

3.2.5.3 수평 확산계수에 대한 이론적 고찰

풍파와 조류 등에 의한 여러 가지 난류와 와류가 있다. 이와 같은 난류와 와류에 의한 물질 확산을 난류확산(Turbulent diffusion) 또는 와동확산(Eddy diffusion)이라 한다. 이 확산속도는 난류확산계수(Turbulent diffusivity)와 와동확산계수(Eddy diffusivity)로 나타낸다. 와동에 의한 운동량의 확산속도는 와동점성계수(Eddy viscosity coefficient)로 표현되나 일반적으로 와동점성계수의 크기는 물질의 와동확산계수보다 크다. 와동점성계수와 와동확산계수는 문제시되고 있는 물질의 확산 크기와 확산방향이 수평방향인가, 또는 연직방향인가에 따라 크게 달라진다. 수평방향의 와동점성계수와 와동확산계수는 $10^1 \sim 10^8\, cm^2/\mathrm{sec}$ 정도 범위에서 변화하며, 확산크기(l)의 4/3승에 비례해서 커지는 것으로 알려져 있다.

① 연속점원염료에 의한 확산실험

연속점원염료 확산실험은 그림 3.2.5.3.1에서 바다의 어느 한 점에서 일정한 비율로 염료를 계속 흘려 염료띠(Plume) 폭의 공간변화로부터 흐름 방향에 직각방향의 확산계수를 추정하는 것이다. Taylor(1920)는 흐름방향에 x축, 그 직각방향을 y축으로 하여 투입점을 원점으로 한 절대 좌표에 대한 염료운의 편차폭(σ_y)의 공간변화에 대하여 절대 확산개념을 확립했다. 우선 흐름에 직각방향의 난류강도는 투입점에서 염류띠의 확산각도 θ로부터 다음 식을 구할 수 있다.

$$\sqrt{v_L^2} = \tan\theta \cdot U \qquad (3.2.5.3.1)$$

여기서, U는 주방향의 유속을 표시한다.

절대 확산을 지배하는 Lagrange와류의 수명시간 t_{OL}은 투입점으로 부터 충분히 떨어진 장소에서 염료띠의 편차폭의 변화율로부터

$$t_{OL} = \int_0^\infty R_{LY}(\xi)d\xi = \frac{U}{2v_l^2} \frac{\sigma_y^2(x)}{x} \qquad (3.2.5.3.2)$$

로 구해질 수 있다(柳· 1982). 여기서, $R_{Ly}(\xi)$는 Lagrange 자기상관함수이다.

(3.2.5.3.1)과 (3.2.5.3.2)식을 이용해서 주 흐름방향에 직각방향의 수평확산계수를 구하면 식(3.2.5.3.3)과 같다.

$$K_{Ly} = v_L{}^2 \cdot t_{OL} \qquad (3.2.5.3.3)$$

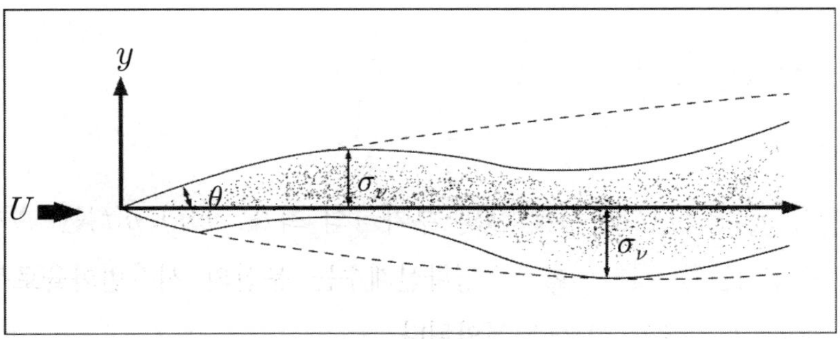

그림 3.2.5.3.1 연속 점원 염료확산실험

원래 이 방법은 주 흐름 방향의 안정된 정상류에 대해서 확립되어진 것이기 때문에 왕복류인 조류가 탁월한 연안 해역에 적용하는 것은 상당히 한정된다. 즉, 큰 U가 안정되어 있어 염료운이 직선적으로 퍼져 확산되는 밀물과 썰물의 최강유속시 부근에서 만 적용할 수 있다.

② 부자(浮子)에 의한 확산실험

Richardson(1626)은 대기중 두입자의 확산문제에 관해서 상대확산 개념을 확립했다. 이 개념을 해양에 투여된 N개의 입자군에 대해 적용하였다. 부자군의 중심에 대한 각 부자의 거리의 2차 모멘트[분산(Variance)], 좌표축 각각의 분산은 다음 식으로 정의 된다.

$$\sigma_G^2 = \frac{1}{N-1}\sum_{i=1}^{N}[x_i(t) - \overline{x}(t)]^2 + [y_i(t) - \overline{y}(t)]^2 \tag{3.2.5.3.4}$$

$$\sigma_x^2 = \frac{1}{N-1}\sum_{i=1}^{N}[x_i(t) - \overline{x}(t)]^2$$

$$\sigma_y^2 = \frac{1}{N-1}\sum_{i=1}^{N}[y_i(t) - \overline{y}(t)]^2$$

$$\overline{x}(t) = \frac{1}{N}\sum_{i=1}^{N}x_i(t) \tag{3.2.5.3.5}$$

$$\overline{y}(t) = \frac{1}{N}\sum_{i=1}^{N}y_i(t)$$

여기서, $x_i(t), y_i(t)$는 시각 t의 부자 i의 좌표, $\overline{x}(t), \overline{y}(t)$는 N개의 부자군의 중심좌표를 나타낸다. 수평확산계수는 분산의 시간변화율로부터 식 (3.2.5.3.6a)~(3.2.5.3.6c)으로 정의된다.

$$K_G(t) = \frac{1}{4}\,\frac{d{\sigma_G}^2(t)}{dt} \tag{3.2.5.3.6a}$$

$$K_x(t) = \frac{1}{2}\,\frac{d{\sigma_x}^2(t)}{dt} \tag{3.2.5.3.6b}$$

$$K_y(t) = \frac{1}{2}\frac{d{\sigma_y}^2(t)}{dt} \tag{3.2.5.3.6c}$$

그런데, 실제 해역에서 부자확산(浮子擴散)은 수평유속장(水平流速場)의 수렴, 발산(發散)에 크게 영향을 끼치기 때문에 부자(浮子)의 확산에서 수렴, 발산의 영향을 제거해서 수평난류확산의 영향만으로 부자확산을 구하지 않으면 안된다. 그러한 이유로 Yanagi 등은(1982)는 각 부자에 의해 구해진 유속을 Taylor전개하여 그 지역의 평균유속, 1차 유속경사, 난류성분으로 분해하고 난류성분만에 의한 부자의 분산 시간변화로부터 수평와동확산계수를 추정하고자 했다. 먼저 각 부자의 유속을 다음과 같이 분해한다.

$$\begin{aligned} u_i(t) &= u(t) + \frac{\partial u(t)}{\partial_x} x_i(t) - \bar{x}(t) + \frac{\partial u(t)}{\partial_y} y_i(t) - \bar{y}(t) + u_i'(t) \\ v_i(t) &= v(t) + \frac{\partial v(t)}{\partial_x} x_i(t) - \bar{x}(t) + \frac{\partial v(t)}{\partial_y} y_i(t) - \bar{y}(t) + u_i'(t) \end{aligned} \tag{3.2.5.3.7}$$

여기서, $u_i(t), v_i(t)$는 시각 t의 i 부자의 유속, $u(t), v(t)$ 부자군의 중심시각 t의 유속, $u_i(t), v_i(t)$는 난류유속이다. 난류유속에 의한 부자군의 분산은 식(3.2.5.3.8)로 된다.

$$\sigma'_{x(t)} = \frac{1}{N-1}\sum_{i=1}^{N} x_i(O) + \int_0^t u'_i(\eta)d\eta - x'(t) \tag{3.2.5.3.8}$$

$$\sigma'_y(t) = \frac{1}{N-1}\sum_{i=1}^{N}\left\{y_i(0) + \int_0^t v'_i(\eta)d\eta - y'(t)\right\}^2$$

$$x'(t) = \frac{1}{N}\sum_{i=1}^{N}\left\{x_i(0) + \int_0^t u'_i(\eta)d\eta\right\}$$

$$y'(t) = \frac{1}{N}\sum_{i=1}^{N} y_i(O) + \int_0^t v'_i(\eta)d\eta$$

여기서, $x_i(0), y_i(0)$는 부자 I 의 최초좌표, $x'(t), y'(t)$는 난류유속에 의하여 확산된 부자군의 중심좌표를 나타낸다. 따라서 정확한 수평와동확산계수는

$$K_x'(t) = \frac{1}{2}\frac{d\sigma_x{'}^2(t)}{dt} \qquad (3.2.5.3.9a)$$

$$K_y'(t) = \frac{1}{2}\frac{d\sigma_y{'}^2(t)}{dt} \qquad (3.2.5.3.9b)$$

로 구할 수 있다.

③ 유속 관측치의 통계해석

Hay and Pasquill(1959)은 Taylor의 방법을 어떤 한 점의 유속관측치에 적용하려고 생각하여 Lagrange 자기 상관함수($R_{Ly}(t)$)와 Euler 자기 상관함수($R_{Ey}(t)$)는 다음과 같은 근사구조를 가지고 있다고 가정했다.

$$R_{Ly}(t') = R_{Ey}(t), \; t' = \beta t \qquad (3.2.5.3.10)$$

β는 0.4~0.6사이의 비례정수이다. 이 가정을 이용하면

$$\int_0^\infty R_{Ly}(\xi)d\xi = \beta\int_0^\infty R_{Ey}(\xi)d\xi = \beta t_{0E} \qquad (3.2.5.3.11)$$

이에 의해 Euler 자기상관함수의 적분시간 t_{0E}를 β배 해서 Euler적 유속관측에서 구한 난류강도와 곱하여 확산계수를 추정한다.

$$K_{Ly} = v_E{}^2 \cdot \beta \cdot t_{0E} \qquad (3.2.5.3.12)$$

이 방법은 원래 정상류에 대한 것이기 때문에 밀물, 썰물의 최강시에만 적용이 가능하다.

3.3 해중의 빛

(1) 태양은 모든 수권의 에너지의 근원이며 해양의 온도와 열을 지배한다.
(2) 태양광선은 모든 해양식물의 동화작용의 강약을 지배한다.
(3) 태양광선은 증발, 폭풍, 태풍 및 해류등을 일으키는 원동력을 공급한다.
(4) 해수중의 빛의 전파는 수중관찰, 사진의 효력을 제한한다.
이러한 이유 때문에 해중의 빛은 중요하다.

빛에너지가 수중에 입사하면 물과 부유입자에 의해 흡수되거나, 산란된다. 또한 해수의 부유입자들은 해수의 현탁의 원인이 되며 분류하면

① 무기용존물질 : 염분 등.
※ 염분은 현탁과 직접적인 관계는 없다.
② 유기용존물질 : 수용성 부식물질
- 황색물질 : 유기물질의 복잡한 반응에 의해 생성된 대사물질로부터 추출된 복잡한 화합물이다.
- 유기물질 : 탄수화물, 단백질 및 분해성 물질, 지방물질, 비타민, 식물성장 호르몬등.

③ 무기현탁물질 : 모래, 점토, 알루미늄, 규소, 철이 하천과 바람에 의해서 바다로 유입한 물질
④ 유기현탁물질 : 식물프랭크톤, 동물프랭크톤, 박테리아등의 생물질 및 생물의 분해생성물 등

현탁의 정도는 빛의 소광계수(extinct coefficient)로 표시한다.

3.3.1 투명도

수역(해양, 호소, 저수지)의 청탁의 정도를 표시하는 간단한 방법으로 직경30cm의 투명도판을 수중에 매달아 내리면서 육안으로 볼 수 없는 수심을 m로 표시한 것이다.

특별한 현탁물을 갖지 않는 수역에서 상대수중조도 I/I_o가 12~18%(평균 14.5%) 혹은 19%에 해당하는 심도가 투명도에 상당한다고 한다.

I : 심도 D(m)의 수중조도

I_o : 수면직하의 수중조도

해양학에서 각 수심에 대한 입사 태양복사의 감소율은 소광계수(extinct coefficient)로 표시한다.

전 소광계수(가시 스펙트럼의 전파장에 대한 중량평균)는

$$E = \frac{1}{L} log \frac{I_a}{I_b}$$

E : m당 소광계수

I_a, I_b : 각각 수심 a 및 b의 수평면에 도달한 태양광의 량

L : 위치 a와 b의 수심차$(b \rangle a)$

투명도판이 보이는 곳까지 내려서 그 수심을 측정하였을 때 수심을 D라 하면 소광계수 $E = 1.7/D$로 한다. 해수중에는 니토, 점토와 같은 부유물질과 프랭크톤이 포함되어 있다. 이러한 혼탁 해수중의 빛의 전파특성은

(1) 전 소광효과는 부유물질의 양에 비례한다

(2) 혼탁도의 증가는 산란의 증가를 가져온다.

$$I_x \lambda = I_o \cdot e - c(\lambda)_x$$

여기서 $I_x \lambda$: 수심거리 x에서의 빛의 광도

$I_o\lambda$: 광원(光源)에서의 파장λ의 빛의 강도

-c : 소산 계수

λ : 투과빛의 파장

해수의 흡수계수(a)는 해수의 자체, 현탁물질 및 요존물질의 흡수계수 a (λ)와 산란계수 b(λ)의 합으로 다음과 같다.

$$c = C_w(\lambda) + C_p(\lambda) + C_y(\lambda)$$
$$C_w(\lambda) = a_w(\lambda) + b_w(\lambda)$$
$$C_p(\lambda) = a_p(\lambda) + b_p(\lambda)$$
$$C_y(\lambda) = a_y(\lambda) + b_y(\lambda)$$

$a_w(\lambda)$, $a_p(\lambda)$, $a_y(\lambda)$: 물자체, 현탁물질, 용존물질의 흡수 계수.

$b_w(\lambda)$: 물자체 소산계수

$b_p(\lambda)$: 현탁물질 소산계수

$b_y(\lambda)$: 포존물질 소산계수

(단위 m)

D / α	1	2	3	4
1	0.37	0.14	0.05	0.02
2	0.14	0.02	0.002	0.0003
3	0.05	0.002	0.0001	0.000006

$$I_D = I_0 + e^{-\alpha D}$$

$$\frac{I_D}{I_0} = e^{-\alpha D}$$

$I_x\lambda = I_o \cdot e - c(\lambda)_x$ 소산계수(소광계수)

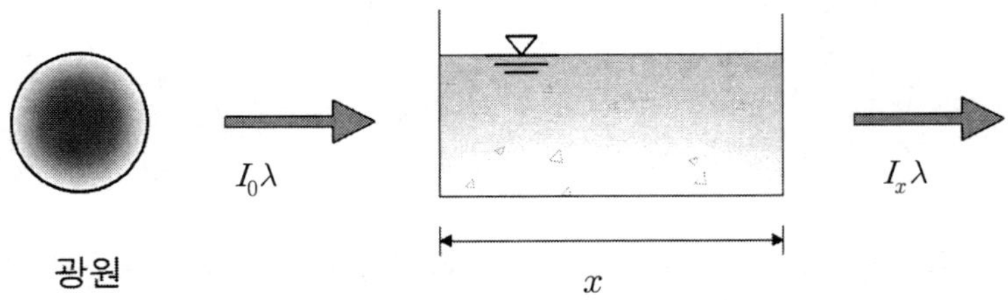

그림 3.3.1 소산계수 설명

(예제) A지점에서의 $I_x\lambda$는 얼마인가?

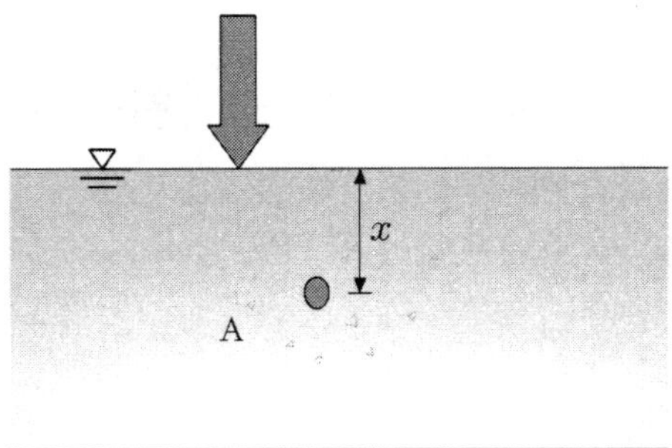

4. 조석

조석의 원인은 주로 달과 태양의 인력이 지구표면의 각점에서 서로 다르기 때문이다. 조석을 일으키는 힘 즉, 기조력(tide producing force)를 설명하려면 지구-달을 지구-태양계와 구별하여 생각하여야 한다. 달의 지구 주위의 공전운동방향은 서에서 동으로 공전한다. 달의 궤도를 백도라고하고 태양의 궤도를 황도라고 한다. 황도면은 하늘의 적도면에 대해서 23°30′경사져 있지만 백도면은 황도면에 대해 다시 평균 약 5°09′기울어져 있다.

태양의 궤도는 적도에 대하여 23°5′기울기를 이루며 적도와 마주치는 점이 춘분점과 추분점이다. 지구의 적도면에 대한 해의 공전주기의 기울기

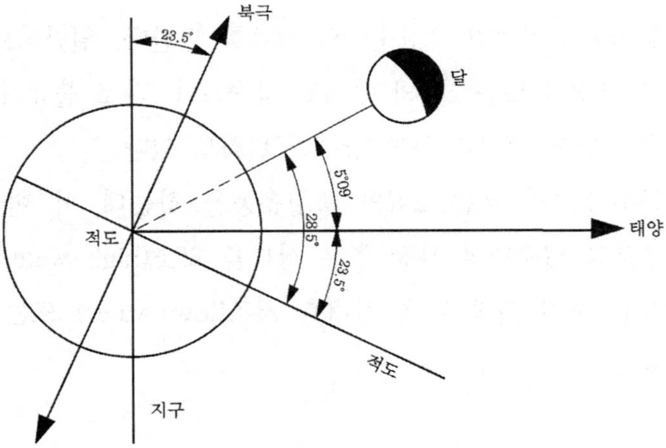

그림 4.1.1 지구와 달의 궤도

황도와 백도의 교점중에 달이 황도를 남에서 북으로 횡단하는 점을 승교점, 북에서 남으로 횡단하는 점은 항교점이라 말한다. (지구가 23.5°기울져 있기 때문에) 달의 백도상에서 북의 적위가 최대로 되는점을 북의 회귀점이라 하고 달의 백도상에서 남의 적위가 최대로 되는점을 남의 회귀점이라 한다. 달은 1일 백도상을 동으로 13.2°진행하며 이 때문에 약 50분씩 늦어진다. (24시×(13.2°÷360)) 그리고 달이 지구상의 임의의 지점을 통과하는 자오선을 잇따라서 통과하는데 요하는 시간은 평균 24시간 50.47분이다. 이것을 태음일이라고 한다. (360°÷13.2일 → 27.3216일이다.) 그리고 달이 행성에 대해서 궤도를 1주 (항성공전)요하는 시간이기 때문에 항성일이라 한다. 연속되는 두 밤에서 달의 황경은 약 13.2°, 태양의 황경은 약 1°만큼씩 각각 동으로 이동하기 때문에 달과 태양이 같은 천구상에 있는 시각은 그믐에서 그믐까지 요하는 시간(360÷(13.2°-1°))으로서 실제 29.530589일이다. 이것은 달이 태양에 대해서 궤도를 일주(삭망공전)하는데 요하는 시간으로 삭망월(synodic manth)이라 한다.

4.1 조석의 구분

조석이란 해면의 주기적인 승강운동의 상태를 말한다. 일반적으로 그 주기는 규칙적이어 1/2일 또는 1일의 주기로 상승하나, 다소 불규칙적인 경우 수일, 수년 또는 1년을 주기로 하는 장주기 변화도 있다.

해수면은 하루에 1회 또는 2회의 승강운동을 하는데 이 현상을 조석(tide)이라고 부르고 해수면의 가장 높은 상태를 고조(high water) 또는 만조(high tide)라고 하며 가장 낮은 상태를 저조(low water) 또는 간조(low tide)라고 부른다.

그림 4.1.2 중국 Qian tang river(전당강) 조석

조석은 주로 달의 인력에 의하여 일어나는 것이며 자오선 통과가 1일에 약 50분씩 늦어지므로 고조(高潮)나 저조(低潮)도 1일에 약50분씩 늦는 현상을 볼 수 있으며, 다시 말해서 고고조(高高潮)에서 다음 저저조(低低潮)까지의 시간 간격은 날에 따라 변화하나 평균 12시간 25분이며 고고조에서 다음 고고조까지의 시간 간격은 평균 24시간 50분이 소요된다. 조석 중에서 규칙적인 것은 천체, 즉 달과 태양의 인력(人力)에 기인하는 것으로서 이것을 천문조석(天文潮汐)이라 하며 기압, 바람, 해수밀도 등의 변화에 의해서 일어나는 불규칙적으로 승강하는 조석하는 기상조석(氣象潮汐)이라 한다.

기상조석의 하나인 이상조의 한 예를 들면 2003년 9월 12일 남해안에 내습한 제 14호 태풍"매미"에 의한 조석관측 자료중 이상조의 기록은 국립해양조사원 남해해양조사사무소에서 제시한 부산항 조위 기록값에 의하면 그림 4.1.3와 같이 2003년 9월 12일 21 : 00 에 가장 높은 기록을 가지고 있으며 이 값은 극고조($h.h.W$) 174cm보다 38cm높은 211cm를 기록하고 있다.

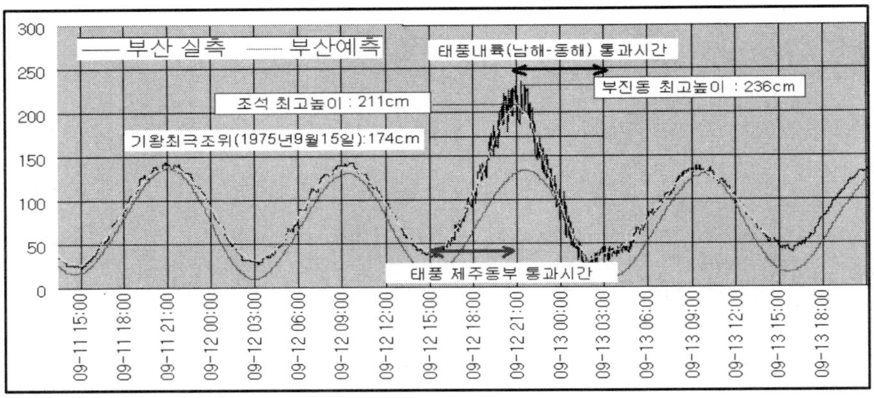

그림 4.1.3 부산항에 내습한 이상조

마산항 내의 조석을 기록하는 검조소는 마산수산센터 어항내에 설치하여 조석값을 기록하고 있다. 태풍 '매미'통과시의 조위자료는 현지 관측지로부터 자료를 구할 수 없었다. 평균해수면이 상승되어 조석의 최대값을 기록할 당시의 기록계가 기록범위를 넘어서 기록이 되지 않는 상태로 되어있었다. 따라서 '매미' 태풍의 기록값은 해양수산부 해양조사원에서 제공하는 마산의 조위자료를 수집하여 분석한 것이 그림 4.1.4와 같다. 이 값에 의하면 기왕의 최대 조위는 255cm이며 태풍통과시의 조석최고높이는 439cm이고 부진동 및 파의 처올림등을 고려하면 최고 높이는 452cm를 나타내고 있다.

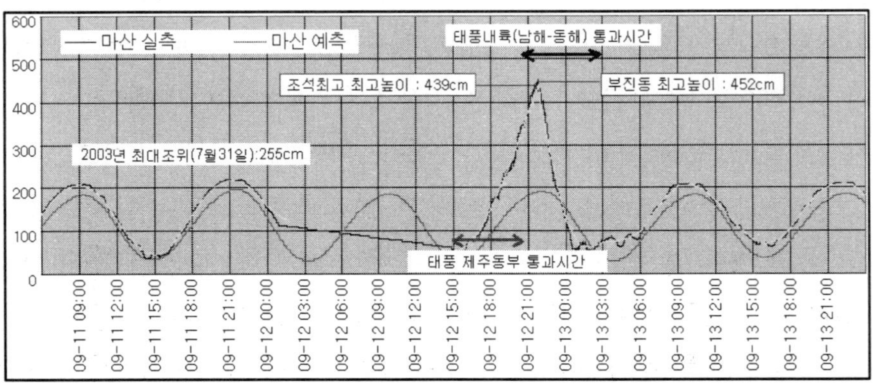

그림 4.1.4 마산항에 내습한 이상조

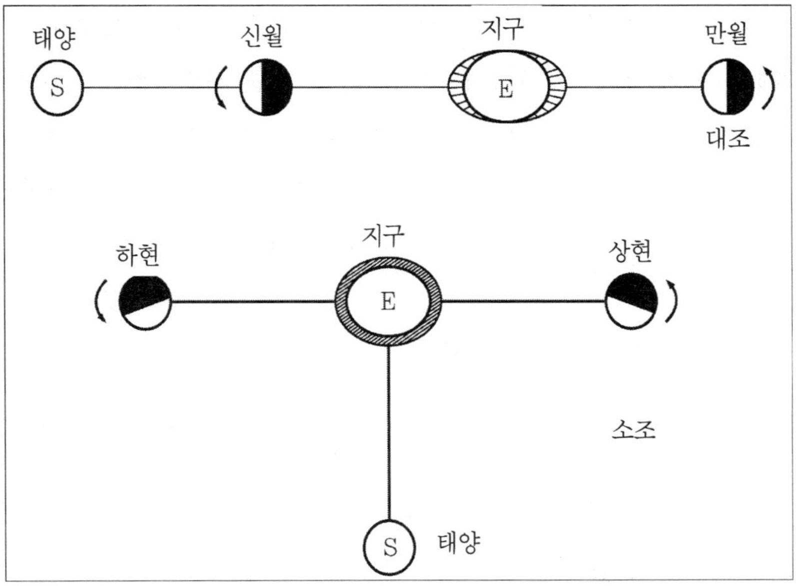

그림 4.1.5 조석 현상

4.1.1 기조력(起潮力, tide generating force)

조석의 간만(干滿)을 일으키는 원인은 여러 가지가 있으나 그중에서 주된 원인은 달과 태양의 인력이 지구 표면점(表面點)에서 각기 다르게 합성되기 때문이다.

① 우선 지구와 달만이 존재한다고 하면 달의 인력(人力)과 지구 자전에 의한 원심력의 영향은 다만 지구 전체의 수면을 어떠한 현상으로 변화시킬 뿐이다. 즉 이것은 지역 전체로서의 수면 현상을 논하는 데는 당연히 고려되어야 하겠지만 조석의 간만 형상에는 아무런 관계가 없다.

② 지구가 자전하지 않는다고 가정하고 지구 표면상의 어떤점에 작용하는 힘을 생각해 보자. 먼저 달과 지구 공전을 생각하면 달은 지구의 주위를 약 27일 (一恒星日은 27.32일)에 1회 공전한다. 다시 말해 달의 인력 중심과 인력 중심이 작용하여 이들이 공통 중심을 이루고 이 중심이 주위를 27일에 한 번 공전하는 것을 뜻한다. 따라서 이 공통 중심의 위

치는 인력(人力)의 법칙에 따라서 달과 지구의 중심을 연결하는 직선하의 2개 물체의 질량에 따라서 반비례하는 내분점(內分點)이 된다. (지구의 질량은 달의 지량의 약 81.4배이며 달과 지구의 거리는 지구 반경의 약 60배, 즉 지구 적도 반경의 56.96~60.27배 이므로 달과 지구의 공통 중심은 지구에서 지구 반경의 약 0.74배의 거리에 있다.)

4.1.2 조석의 일반적인 형상

어떤 지점에서 장기간 조석관측을 하면 다음과 같은 사실을 알 수 있을 것이다.

4.1.2.1 조차의 변화

동일지점에 있어서도 날에 따라 조차가 변화하는데 이와 같은 조차의 변화는 기상적인 요인에 대해서도 영향을 받지만 주로 지구 · 달 · 태양의 상대위치(相對位置)의 변화에 의한 것이다. 이들의 변화에는 다음의 3개의 사항을 생각할 수가 있다.

① 월령에 의한 변화

조차는 월령(月齡)(age of moon)의 변화에 따라 변화하며 일반적으로 삭(朔)(new moon;月齡 0일) 또는 望(Full moon;月齡 15일)후 1~2일에 최대로 되며, 이 때의 조석(潮汐)을 대조(大潮)라 하고 조차를 대조차(大潮差)라 부른다. 상현(上弦) 또는 하현(下弦) 후 1~2일에 조차가 최소로 되며 이 때의 조석을 소조(小潮)라 하고 조차를 소조차(小潮差:Neap tide range)라 한다. 이것을 일반적으로 말하는 대조 및 소조의 현상이다. 즉 삭망시(朔望時)에는 지구 · 달 · 태양은 거의 일직선상에 있으므로 조석은 달과 태양에 의하여 일어나는 조석 합으로 되어 조차가 크게 된다.

한편 상현 및 하현시에는 지구에 대한 달과 태양의 상대 위치는 90° 및

270°의 각을 이루고 있으므로, 조석은 달과 태양에 의하여 일어나는 조석의 차로 되어, 조차가 적어진다. 실제의 조석현상이 1~2일 늦어지는 것은 해수의 타성(惰性), 점성, 해저와의 마찰이 있기 때문이다. 삭 또는 망일에 달의 정중시(正中時)에서 조석이 최대로 될 때까지의 시간은 장소에 따라 다르나, 그 지점의 조석 특징을 나타내는 것을 조시(潮時)이라고 한다.

② 달의 적위에 의한 변화

1/2일 주기에서는 달의 적위가 0°일 때 조차(潮差)는 최대이며 적위가 커짐에 따라 적어진다. 한편 일주기(1日 1회조)는 그의 역이다. 그러므로 적위는 변화에 의한 조차의 변화는 1/2일 주기형의 조석에서는 문제가 없으나 일주조형(一週潮型) 및 혼합조형(混合潮型)의 조석에는 현저히 나타난다.

③ 달과 지구와의 거리에 의한 변화

조석의 높이는 지구와 조석을 일으키는 천체와의 거리의 3승에 역 비례하므로 달이 가까운 지점에 있을 때는 조차가 크고 먼 지점에 있을 때는 조차가 적다. 달의 궤도면은 지구의 궤도면과 약5° 기울어져 있어 달의 위치도 공전에 따라 적도로부터 근원을 이루며, 달이 가까운 지점에 있을 때의 조차가 큰 조석을 근지점조(近地點潮)라 하며 달이 먼 지점에 있을 때의 조차가 적은 조석을 원지점조(遠地點潮)라 부른다. 이 거리의 변화에 의한 조차의 변화는 그다지 중요하지 않다. 조석현상에 대한 용어를 간단히 설명하여 보자.

- 조류(潮流:Tidal current) : 조석에 따라 일어나는 주기적인 평면유동(주기는 12시간 25분)이며 달이 지구 주위를 1회전하는 데는 평균 24시간 50분이 걸리며 조석은 매일 50분씩 늦어진다.
- 조위(潮位:Tidal level) : 조석으로 인하여 발생되는 조위(潮位)의 각 위치.
- 고조(高潮:High tide) : 조석으로 인하여 해면(海面)이 가장 높아진 상태

- 저조(低潮:Low tide) : 조석으로 인하여 해면이 가장 낮아진 상태.
- 창조(漲潮:Flood tide) : 저조(低潮)에서 고조(高潮)까지 해면이 점차 상승하는 사이(밀물).
- 낙조(落潮:Ebb tide) : 고조에서 저조까지 해면이 점차 하강하는 사이(썰물).
- 정조(停潮:Stand of tide) : 고조 또는 저조시를 전후해서 해면의 승강(昇降)이 극히 느리며 정지하고 있는 것과 같은 상태.
- 고조간격(高潮間隔:H.W.I) : 달이 자오선(子午線)을 경과하여 고조가 될 때까지의 시간.
- 저조간격(低潮間隔:L.W.I.) : 달이 자오선을 경과하여 저조가 될 때까지의 시간.
- 월조간격(月潮間隔:Lunitidal intervel) : 고조간격과 저조간격의 총칭.
- 평균고조간격(平均高潮間隔:M.H.W.I) : 장기간에 걸쳐서 고조간격의 평균.
- 평균저조간격(平均低潮間隔:M.L.W.I) : 장기간에 걸쳐서 저조간격의 평균.
- 조차(潮差:Tidal Range) : 잇달은 고조와 저조의 해면 높이 차.
- 평균조차(平均潮差:Mean range) : 장기간에 걸쳐서 조차를 평균한 것.
- 대조(大潮:Spring tide) : 지구, 달, 태양이 거의 일직선이 되는 것을 삭망(朔望)이라 하고 朔(new moon) 및 望(full moon) 후 1~2일의 조차는 극대가 되고 이때를 대조(사리)라 한다.
- 소조(小潮:Neap tide) : 지구와 달 및 태양이 거의 직각이 되는 것을 상·하현이라 하고 상현(上弦:First guarter) 및 하현(下弦:Last guarter) 후 1~2일의 조차는 극소가 되며 이때를 소조(조금)라 한다.
- 조령(潮齡:Age of tide) : 삭(朔) 또는 망(望)으로부터 대조가 될 때까지의 시간을 일수(日數)로 표시한 것.

- 일조부등(日潮不等 : Diurnal ineguality) : 잇달은 2개의 고조 및 저조는 같은 날일지라도 반드시 같은 높이가 아니고 또 월조간격(月潮間隔)으로서 일어나지 않고 실제로 차이가 있는 것이 보통인데 이것을 일컫는 말이다.

일조부등이 일어나는 원리를 그림으로 설명하면 그림 4.1.6(a)(b)과 같다. 그림 4.1.6(a)(b)에서 H, H'는 평일 떨어진 만조의 높이이다. 그림 (b)는 달이 적도상에 있을 때 H와 H'가 같지만 달리 적도상에 있지 않는 (a)에 있어서 H와 H'는 같지 않다.

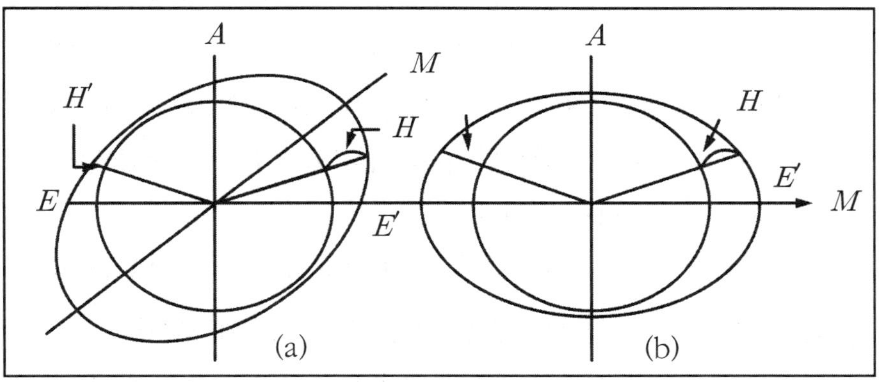

그림 4.1.6 일조부등의 원리

이와 같이 일조부등은 달이 적도에서 떨어짐으로 일어나는 것으로 달이 적도에서 가장 많이 떨어질 때 최대로 되며, 특히 이 때의 조석을 회귀조라 한다. 한편 달이 적도상에 있을 때 일조부등은 일어나지 않는다. 이와 같이 달이 적도상에 있을 때 일조부등이 적은 조석을 분점조라 부른다. 이상에서와 같이 혼합조형에 있어서 춘하추동의 삭·망 및 하현·상현시의 조석은 일반적으로 다음과 같이 요약할 수 있다. 봄·가을의 삭·망에는 조차가 크고 일조부등이 적으며 또한 상현·하현에는 조차가 적고 일조부등이 크다. 그리고 여름·겨울의 삭·망에는 조차도 일조부등도 크며 상현·하현에는 조차도 일조부등도 적다. 여기서, 봄·가을은 태양이 춘분 또는 추분점 부근에 있을 때이며, 여름·겨울은 태양이 하지 또는 동지점 부근에 있을 때를 의미한다.

- 고고조(高高潮 : H.H.W) : 잇달은 2개의 고조(高潮) 중 높은 것
- 저고조(低高潮 : L.H.W) : 잇달은 2개의 고조 중 낮은 것
- 저저조(低低潮 : L.L.W) : 잇달은 2개의 저조(低潮) 중 낮은 것
- 고저조(高低潮 : H.L.W) : 잇달은 2개의 저조 중 높은 것
- 평균해면(平均海面 : M.S.L) : 매시간 수면을 측정하여 그 높이의 평균치에서 구하는 것으로서 보통 연평균 해면을 말한다.
- 기본수준면(基本水準面 : Datum level) : 조석표나 해도수심의 기준이 되고 있으나 이것은 4분조의합($H_m + H_s + H' + H_o$)의 평균 해면 아래를 택하여 기본수준면이라 한다. H_m, H_s, H', H_o 는 조석조화분해상수이며 해면의 승강을 sin곡선으로 생각하며, 4개의 sin곡선으로 구성한 것으로 생각하여 분해한 것이다.
- H_m (M_2 분조의 반조차) : 달이 24시 50분으로 지구 주위를 규칙적으로 회전하는데 따른 해면의 승강운동의 반진폭을 나타낸다.
- H_s(S_2분조의 반조차) : 지구가 24시간으로 태양 주위를 회전하는데 따른 해면의 상하운동의 반진폭 이다.
- H'(H_1분조의 반조차), H_o(O_1분조의 반조차): 생각하고 있는 자전의 위도(Lat) 또는 황도(태양의 궤도)와 적도와의 차이 때문에 발생하는 해면의 증강(昇降)운동의 반진폭이다.
- 춘추대조고조면(春秋大潮高潮面) : 봄·가을에 일어나는 대조의 고조면(H.H.W.L)
- 대조승(大潮昇) : 대조의 평균 고조면 또는 삭망(朔望) 평균 만조위(H.W.O.S.T)
- 소조승(小潮昇) : 소조의 평균 고조면 또는 상하현 평균 만조위(H.W.

O.N.T)평균해면(M.S.L)

- 소조평균저조면(小潮平均低潮面) : 소조의 평균 저조면 또는 상하현 평균 간조위(L.W.O.N.T)
- 대조평균저조면(大潮平均低潮面) : 대조의 평균 저조면 또는 삭망 평균 간조위(L.W.O.S.T)

4.2 조석의 조화분해와 조위기준면

천문조에 의한 해수면 변동은 몇 개의 조석성분의 합으로 되어 있다. 이 조석성분은 분조(分潮)라 하고, 조석의 조차 및 월조 간격은 날에 따라 변화할 뿐만 아니라 일조부등이 있기 때문에 1일중에 일어나는 2회의 고조 및 저조 사이에 있어서도 복잡한 변화가 있다. 이것은 조석을 일으키는 천체 즉 달과 태양이 궤도를 달리하고 궤도면이 지구의 적도면과 일치하지 않으며 또한 운행의 속도도 다르기 때문에 지구에 대한 거리 또는 관계위치가 항상 변화하기 때문이다. 조석은 이와 같이 불균등한 운행을 하는 두 천체에 기인하는 것이나 이와 같이 생각하여 분석하지 않고 적도상을 지구로부터 일정한 거리로서 각각 고유의 속도를 유지하면서 운행하는 무수한 가상천체에 의하여 일어나는 규칙적인 조석(潮汐)이 서로 합하여 이루어졌다고 생각할 수 있다. 이 개개의 조석을 분조(分潮 : tidal constituent)라 하고 이 분석은 푸리에 급수(Fourier series)에 의하며 각 분조는 실측치로부터 계산된다. 각지의 조석을 실측치로부터 계산하여 분조를 구하는데 각 분조의 2분의 1을 반조차(simi-range)라 하며, 그 가상천체(假想天體)가 남중한 후 그 분조가 고조로 될 때까지의 시간을 각도로 표시한 것을 지각(遲角:phase lag)이라 한다. 각 분조의 반조차 및 지각(遲角)을 조화상수(Harmonic constant)라 하고 각지의 조석의 실측치에서 조화상수를 구하는 것을 조화분해(Harmonic analysis)이라 한다. 보통 기상조석은 불규칙하나

일주변화, 연변화 등의 주기적 변화에 기인하는 조석은 비교적 규칙적이기 때문에 이것들을 분조 속에 포함해서 취급한다. 이 복합조나 배조(陪潮)는 주로 얕은 바다에서 발생하는 것이며, 이것을 천해조석라 한다. 이와 같이 많은 분조 속에서 일반적으로 조차가 큰 것은 4개 분조의 7종이며 다음과 같다.

표 4.2.1 주요분조(7종)

구분	부호	명 칭	인 수 (V)	속도 (°) 平均太陽時	주기 (hr) 平均太陽時	고유시 (hr) 平均太陽時	진폭 $M_2=100$
半日週潮	M_2	主太陰半日週潮	$2t+2h+2s$	28.9841	12.42060	1.03505	100.0
	S_2	主太陽半日週潮	$2t$	30.0000	12.00000	1.00000	46.6
	N_2	主太陽楕 率 潮	$2t+2h+3s+p$	28.4397	12.65835	1.05486	19.1
	K_2	日月合成日週潮	$2t+2h$	30.0821	11.99727	0.99727	12.7
日週潮	K_1	日月合成日週潮	$t+h+90°$	15.0411	23.93447	0.99727	58.4
	O_1	主太陰日 週 潮	$t+h-2s-90°$	13.9430	25.81934	1.07581	41.5
	P_1	主太陽日 週 潮	$t-h-90°$	14.9589	24.06589	1.00275	19.3

여기서, S: 태양의 평균횡경, h: 달의 평균횡경

p: 달의 근지점의 평균횡경(계획지구에서 가장 가까울 때)

t: 기원시부터 측정한 태양시에 의한 시간수를 사용한다.

실제의 분조 주기는 8시간으로부터 18.6년의 범위에 있으며, 분조로부터 어느 시각의 조위를 구할 때에는 다음 식에 의한다.

$$\zeta(t) = S_0 + \sum_{i=1}^{M} f_i a_i \cos[(v_0+u)_i + n_i t - \kappa_i] \qquad (4.2.1)$$

여기서, S_0는 기준면으로부터 평균해수면의 높이, f_i는 분조에 따른 상

수, a_i는 평균반조차(平均半潮差), $(v_o+u)_i$는 분조에 따른 일정각속도, n_i는 분조의 속도, κ_i는 지연각이다.

① 주태음 반일주조(主太陰半日週潮)(M_2潮)

천구상에서 달의 일주(日週) 운동에 의해 일어나는 조석으로서 1/2일에 해당하는 주기를 말하며 달이 지구로 부터 그 평균 거리를 유지하면서 적도 상을 운행할 때 최대 조석이 발생한다. 달이 자오선을 통과하여 다시 이 선상을 통과하기까지는 주기, 즉 평균시간은 24시간 50.6분이며 그 간에 조석은 2회조가 승강하나 1회조, 즉 반일주기는 12시간 25분(12.421hr)이다. 기조력의 상태치는 0.454이다. 이 분조의 360°/12.421=28°9841 속도(매시간).

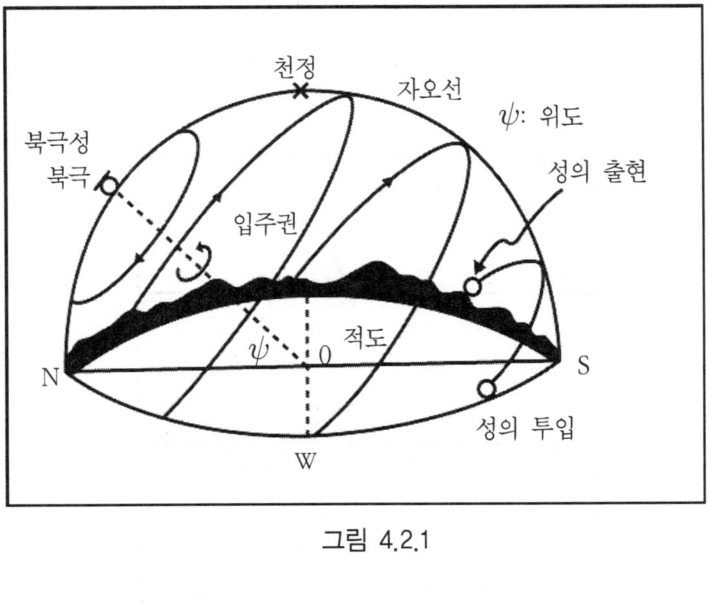

그림 4.2.1

② 주태양 반일주조(主太陽半日週潮)(S_2 潮)

태양의 일주운동에 의해서 발생하는 조석으로서, 주기는 약 12시간이고, 이 분조의 속도는 360°/12=30°.00, 기조력의 상대치는 약 0.211이다.

③ 일월합성 반일주조(日月合成半日週潮)(K_2)

달과 태양의 상대 위치에 따라서 발생하는 조석을 말한다. 달의 조석이 12시간 25분이고, 태양의 조석은 12시간이므로 각기 자기 주기에서 일어나게 되어 위에서 논한 바와 같이 각각 太陰 및 태양의 半日週潮가 되고 달(태음)과 태양에 의한 조석이 합성되어 매일 서로 다른 조후곡선(潮候曲線) 즉 일월합성반일주조가 발생하게 된다. 그 이유로서는 달은 지구의 대해서 매일 위치가 변하고 지구는 태양에 대해서 그 위치가 변하기 때문이다. 따라서 일월합성 일주조의 주기는 23시간 56분이며, 반주기(半週潮)의 주기는 11시간 58분(11.98hr)이다. 기조력의 상대치는 0.265이다. 또한 달이 적도를 횡단하고 다음에 다시 적도를 횡단하기까지의 소요 시간은 13.66일이므로 달에 의해 생기는 반일주기(半日週潮)의 조차는 13.66일의 주기로 변화한다. 따라서 이 분조의 속도는 360°/13.66 × 24=1°098만큼 M_2분조의 속도에 더하여 주면 된다.(28°.984 + 1°.098=30°.082)

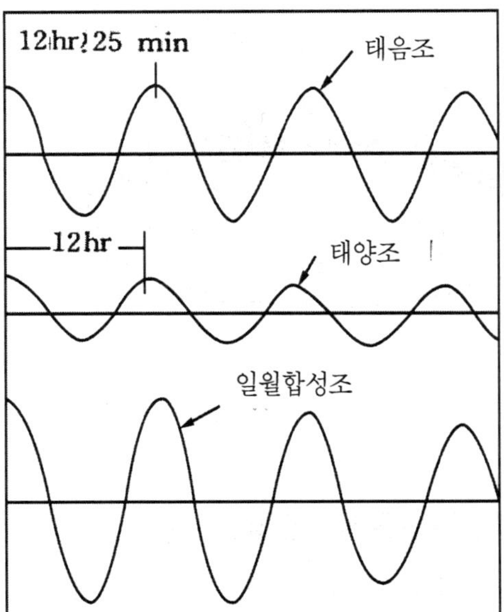

그림 4.2.2 일월합성조

④ **주태음 일주조(主太陰日週潮)(O_1 潮)**

달의 작용에 의해서 야기되는 주조파(週潮波)로서, 그 주기는 약 25시간 59분이고, 기조력의 상대치는 0.189이다. 이들 4개의 분조를 주요 4분조라고 말하고, 이것들로 실제의 조석을 표현한다. 조석의 높이란, 임의의 기준면으로부터 측정된 상대적인 값으로서, 그 기준면으로서 보통 기본수준면(standard sea level, 또는 D.L)을 취한다. 이것은 주요 4분조의 진폭의 합만큼 평균수면으로부터 내려간 면을 나타내고 다음과 같이 된다.

$$z_0 = \bar{z} - (H_m + H_s + H_k + H_0) \tag{4.2.2}$$

$\bar{z}$는 평균수면의 위치로서, 이것은 기조력의 작용이 없을 때의 수면에 상당한다. H_m, H_s, H_k, H_0는 각각 M_2조, S_s조, K_1조, 0_1조의 주요 4분조의 진폭을 나타낸다.

(1) 삭망평균만조면(H.W.L)과 朔望平均干潮面(L.W.L)

朔과 望으로부터 5日 이내에 관측된다. 각 달의 최고만조면 또는 최저간조면을 1년 이상에 걸쳐서 평균한 해수면의 높이로 정의한다.

(2) 대조평균고조면(H.W.O.S.T)과 大潮平均低潮面(L.W.O.S.T)

대조에서의 고조 또는 저조의 조위를 오랜 기간에 걸쳐서 평균한 높이의 수면으로서, 분조가 구해져 있는 경우, 평균수면으로부터 M_2 및 S_2 분조의 진폭의 합만큼 위쪽으로 취한 높이의 수면을 大潮平均高潮面, 같은 양을 아래쪽으로 취한 높이의 수면을 大潮平均低潮面으로 정의한다.

(3) 소조평균고조면(H.W.O.N.T)과 小潮平均低潮面(L.W.O.N.T)

소조에서의 고조 또는 저조의 조위를 오랜 기간 동안에 걸쳐서 평균한 높이의 수면, 분조가 구해져 있는 경우는 평균수면으로부터 소조차의 반,

$H_m - H_s$만큼 위쪽 또는 아래쪽으로 취한 높이의 해면이다.

표 3.4 조석의 비조화상수

구분	조 위 명	비 조 화 상 수
조위	고극조위位(highest high water) 대략최고만조위(approx. highest high water) 대조평균만조위(highwater ordinary spring tide) 평균만조위(high water ordinary mean tide) 소조평균만조위(high water ordinary neap tide) 평균해면(mean sea level) 소조평균간조위(low water ordinary neap tide) 평균간조위(low water ordinary mean tide) 대조평균간조위(low water ordinary spring tide) 대략최저간조위(기본수준면)(apprx. lowest low water) 저극조위(Lowest ow water)	실 측 치 $2(H_m + H_s + H_o + H')$ $2(H_m + H_s) + H_o + H'$ $2H_m + H_s + H_o + H'$ $2H_m + H_o + H'$ $H_m + H_s + H_o + H'$ $2H_s + H_o + H'$ $H_o + H'$ $A_o - 2(H_m + H_s + H_o + H')$ 실 측 치
潮差	대조차(spring range) 평균조차(mean range) 소조차(neap range)	$2(H_m + H_s)$:(M_2분조의 반조차 + S_2분조의 반조차)×2 $2H_m$: M_2分潮의 반조차 ×2배 $2(H_m - H_s)$: (M_2分潮의반조차 − S_2분조의 반조차)×2
月潮간격	평균만조간격(mean high water Interval)	$\frac{K_m}{28.984}$시 K_m : M_2분조의 遲刻 28.984 : M_2분조의 속도
	평균간조간격(mean low water Interval)	$\frac{K_m}{28.984}$시 + 6시간 12분
潮升	대조승(대조만조의 평균조고) spring rise 소조승(소조만조의 평균조고) neap rise	$2(H_m + H_s) + H' + H_o$ (基本水準面上) $2H_m + H_o + H'$ (基本本準面上)

4.3 조석개정수

임의 지점에서 단기 조위관측을 실시하였을 때 표준항과의 조석의 개정수(改正數)를 다음식에 의해 산출할 수 있으며 표준항의 선정은 조형(潮型)이 유사한 항을 택한다.

$$조시차(潮時差) = (\frac{K_m}{29^{\circ}}) - (\frac{K_m}{29^{\circ}})_o + \frac{31}{30}(L_o - L) + (S - S_o)$$

$$조고비(潮高比) = \frac{(H_m + H_s)}{(H_m + H_s)} = \frac{(대조차)}{(대조차)_o}$$

여기서, L: 임의 지점의 경도를 시(時)로 나타낸 것이며, 첨자 0는 표준항에 관한 것이다.

$(\frac{K_m}{29^o})$: 임의점의 값

$(\frac{K_m}{29^o})_o$: 표준항의 값

L_o: 표준항의 경도를 시(時)로 나타낸 것

S: 135°(채택한 표준 자오선의 경도)

S_o: 그리니치의 0°

$(H_m + H_s)$: 임의 지점의 값

$(H_m + H_s)_o$: 표준항의 값

※ 조형 : 조석의 형태를 말하며 조석의 기본적인 특징은 조석의 형태수로 나타낸다.

$$형태수(型態數)\ F = \frac{H' + H_o}{H_m + H_s}$$

조형(潮型)은 다음과 같이 구분한다.

- ○ 반일주조형 : $F = 0 \sim 0.25$
- ○ 반일주조가 우세한 혼합조형 : $F = 0.25 \sim 1.5$
- ○ 일주조가 우세한 혼합조형 : $F = 1.5 \sim 3.0$
- ○ 일주조형 : $F => 3.0$

〈예제4.3.1〉 대조차가 67.0cm이고, 소조차는 25.2cm이었다. H_m과 H_s를 구하라.

(풀이) 대조 평균고(저)조면의 정의로부터, $H_m + H_s = 67.0/2$, 소조 평균고(저)조면의 정의로부터, $H_m - H_s = 25.2/2$로 되며 이 2개의 식으로부터 H_m과 H_s를 풀면, $H_m = 23.05cm$, $H_s = 10.45cm$가 구해진다.

4.4 우리나라 조석

우리나라 해안에는 어디서나 일조부등이 있으며 특히 동해안에서는 현저하게 1일 1회조가 되는 수가 있다. 남해안에서는 일조부등이 대단히 적고 대개 규칙적인 승강을 하나 서해안에서는 일반적으로 일조부등은 적으나 조차가 커서 고조의 부등을 볼 수 있으며 간조의 차는 세계적으로 특이하여 그 변화도 매우 크다.

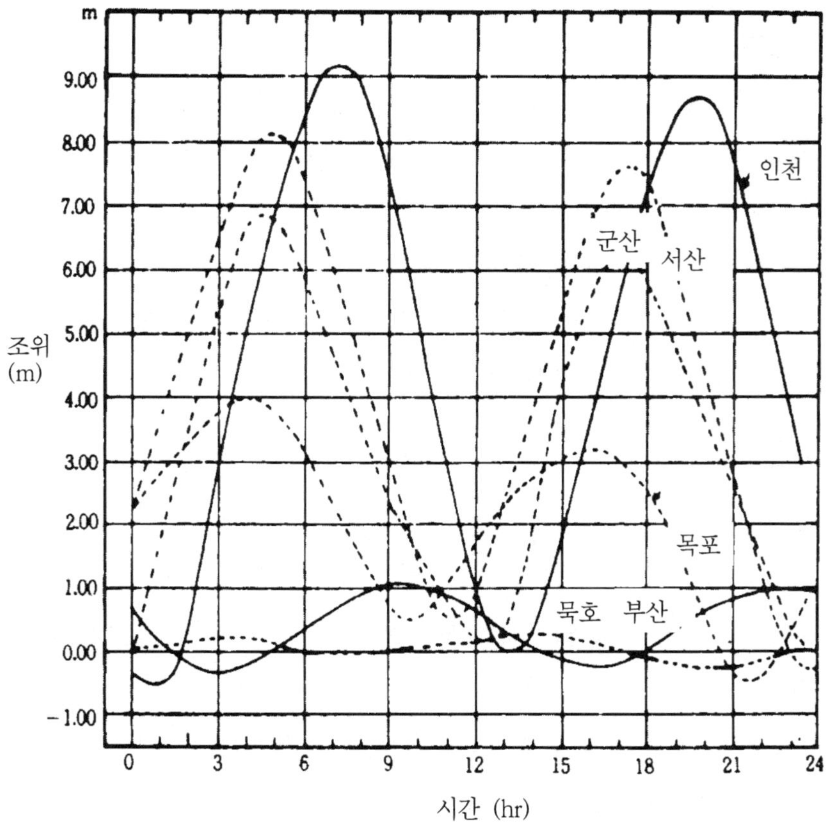

그림 4.4.1 우리나라 해안의 조위 곡선

① 동해안

조차는 일반적으로 적어 0.3m 내외에 불과하나 일조부등은 매우 현저하다. 조시의 부등은 고조에 크고 조고의 부등은 저조에 크며, 고고조다음엔 저저조가 온다. 평균 해면은 3월이 최저이고, 7월경이 최고로 되며, 그 차는 0.3m 정도로 평균해면의 승강은 조석으로 인한 승강과 비슷하므로 여름에 최저 조고가 봄에 최고 조고와 거의 같은 높이로 되는 곳도 있다.

② 남해안

조차는 동부에서 1.2m, 서방으로 감에 따라 증가하여 서방에서는 3.2m이다. 일조부등은 대단히 적고 대체적으로 규칙적인 승강을 한다. 그리고 조시(潮時)의 부등(不等)은 저조에 크고 고조에는 거의 없다. 그러나 양저조고(兩低潮高)는 거의 不等이 없으나 두 고고조(高高潮)는 다소의 부등이 있다. 또한 고고조는 봄에는 오전에, 여름에는 야간에, 가을에는 오후에, 겨울에는 주간에 발생하는 것이 일반적이다.

③ 서해안

조차(潮差)는 남부에서 약 3.2m, 북방으로 감에 따라 증가하여 인천에서 8.0~8.2m로 최대가 되었다가 다시 감소되어 대청도 부근에서 2.8~3.4m, 다시 北方으로 감에 따라 북단에서는 약 4.2m가 된다. 평균해면은 2월에 최저이고, 8월에 최고로 되며, 그 차는 0.5m에 달한다. 일조부등(日潮不等)은 적으나 위에서 논한 바와 같이 조차가 크므로 큰 조차의 부등을 볼 수 있다. 남부에서는 조시(潮時) 및 조고의 부등이 있으며, 저저조(低低潮) 후에 고고조가 발생되나 북부에서는 조시의 부등은 저조일 때 크고 고조일 때 작으므로 저저조 다음에 고고조가 일어나며 이는 봄에는 주간에, 가을에는 야간에 일어나는 것이 일반적이다.

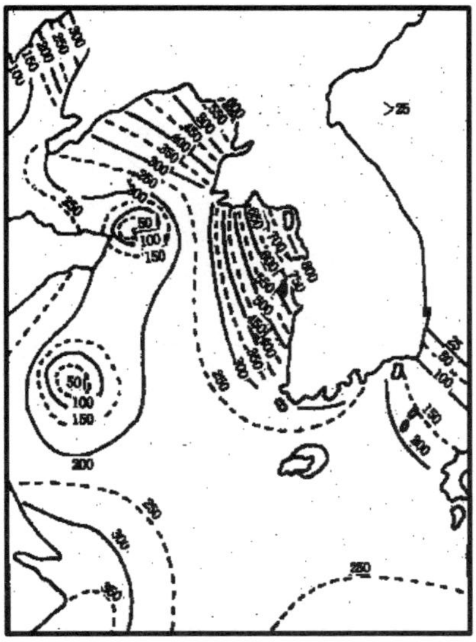

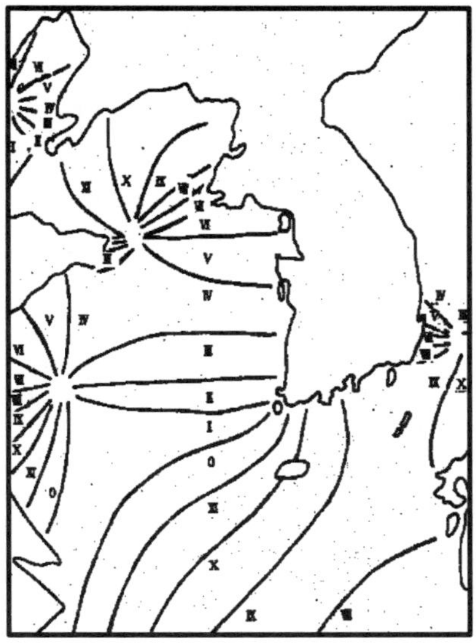

그림 4.4.2(a) 등조차도(M_2+S_2)조　그림 4.4.2(b) 등조시도

로마숫자는 太陰이 동경 135° 子午線을 경과한 후 高潮時까지의 평균 시간을 태음시로 표시한 것이다.

표 4.4.1 우리나라 해안의 조석 현황

구 분	동 해 안	서 해 안	남 해 안
조차	0.3m	3.2~8.2m	1.2~3.0m
평균해면	3월에 얕고, 7월에 높음 (차 0.3m)	2월에 얕고, 8월에 높음 (차 0.5m)	
일조부등	대단히 현저함. 저조에 큼	대단히 적음 고조시에 큼	대단히 적음 두 저조시는 거의 같고 두 고조시는 차가 있음
회조	1일 1회조가 많음.	1일 2회조	1일 2회조

5. 잔차류(殘差流)

연안 해역에서는 보통 반일주조류(半日週潮流 : semi-diurnal tidal current)가 매우 뚜렷하기 때문에 半日(12시간 25분), 또는 1일(24시간 50분)의 관측결과를 평균하면 평균류(平均流)는 대략 0으로 될 것으로 예상된다. 그러나 실제 현장해역에서 관측하면 평균류는 0으로 되지 않는다. 얼마간의 평균치가 얻어지는 것이 보통이다.

종래 이와 같은 평균류는 일본에서 항류(恒流:constant flow)라고 했으나 장기간 측정해 보면 항류는 언제나 일정하지 않다. 일일 변동이 크기 때문에 항류라고 하는 명칭은 적절하지 않다. 따라서 현재는 관측결과의 평균시간(半日, 日日, 15주야 또는 그 이상)에 상관없이 그 평균류는 조류성분(潮流成分)을 제외한 것이라는 의미로 잔차류(殘差流 : residual flow)라고 칭해지고 있다. 한때 이 평균류로서의 잔차류는 조석주기로 평균한 흐름이라는 의미로 "조석 잔차류"라고 도했지만 다음에 기술되는 조류운동(潮流運動)의 비선형성(非線形成)에 의해 발생되는 조석 잔차류로 혼동하기 쉽기 때문에 잔차류로 하는 것이 더 적절할 것이다.

종래의 연안해역의 물질확산은 탁월한 조류의 역할이 크다고 생각되어졌다. 그러나 실제 연안 해역에서의 물질교환과 확산을 주의 깊게 관찰해 보면 몇 조석주기 이상의 장기간의 물질교환에 대해서 뚜렷한 왕복류인 조류

보다도 미약하지만 한 방향으로 흐르는 잔차류의 역할이 크다는 것이 밝혀졌다. 예를 들면 새만금방조제 체절시 발생하는 토사의 확산은 잔차류를 계산하지 않고는 재현이 불가능하다. 이와 같이 연안해역의 장기간의 물질수송에서 잔차류의 역할이 커서 사람들의 관심이 잔차류에 모아지게 되었다. 그러나 잔차류 그 자체도 잔차류를 구성하는 유동의 과정이 변동하기 때문에 반드시 항상 일정하게 흐르고 있는 것은 아니다. 연안 해역에서 잔차류의 주성분은 조류운동의 비선형성(非線形成)에 의해서 생기는 조석 잔차류(Tide induced residual current), 바람에 의해 생기는 취송류(Wind driven current), 밀도편차에 의해 생기는 밀도류(Buoyancy driven current, density driven current)의 세가지가 있다.

5.1 조석잔차류

이 장에서는 왕복류(往復流)인 조류가 어떻게 정상류(正常流)인 조석 잔차류를 발생시키는가를 밝히기로 한다. 우선, 밀도가 일정하고, 바람, 하천수 유입, 해면을 통한 가열, 냉각등이 없는 조석과 조류만이 존재하는 연안해역을 생각해 보자. 이 때 그 장소의 유동을 지배하는 운동방정식과, 연속식인 (5.1.1)~(5.1.4)식에서 유속변동과 수위(水位)변동을 조석주기 평균성분 (U, V, W, $\bar{\eta}$)과 조석 변동성분(u', v', w', η)으로 분해한다.

$$u = U + u', \quad v = V + v', \quad w = W + w', \quad \eta = \bar{\eta} + \eta \tag{5.1.1}$$

이 식을 (5.1.1)~(5.1.4)식에 대입하고 1 조석 주기로 평균하면 다음 식이 구해진다.

$$U\frac{\partial U}{\partial x}+V\frac{\partial U}{\partial y}+W\frac{\partial U}{\partial z}-fV \tag{5.1.2}$$

$$=-g\frac{\partial \bar{\eta}}{\partial x}+A_h\left(\frac{\partial^2 U}{\partial x^2}+\frac{\partial^2 U}{\partial y^2}\right)-\frac{R}{H}U+S_x$$

$$U\frac{\partial V}{\partial x}+V\frac{\partial V}{\partial y}+W\frac{\partial V}{\partial z}+fU \tag{5.1.3}$$

$$=-g\frac{\partial \bar{\eta}}{\partial y}+A_h\left(\frac{\partial^2 V}{\partial x^2}+\frac{\partial^2 V}{\partial y^2}\right)-\frac{R}{H}V+S_y$$

$$\frac{\partial U}{\partial x}+\frac{\partial V}{\partial y}+\frac{\partial W}{\partial z}=0 \tag{5.1.4}$$

$$S_x=-\overline{\left(u'\frac{\partial u'}{\partial x}+v'\frac{\partial u'}{\partial y}+w'\frac{\partial u'}{\partial z}\right)} \tag{5.1.5a}$$

$$S_y=-\overline{\left(u'\frac{\partial v'}{\partial x}+v'\frac{\partial v'}{\partial y}+w'\frac{\partial v'}{\partial z}\right)} \tag{5.1.5b}$$

여기서, 밀도는 일정하기 때문에 압력 경사항 P는 η로 변환시키고 연직 점성은 1차원의 해저마찰계수 R을 이용해서 바꿔 쓸 수 있다. (5.1.5)의 "–"는 1조석 주기평균을 나타내고 S_x, S_y는 조석응력(tidal stress)으로 불리운다. (5.1.2), (5.1.3)식은 조류 운동의 비선형 성분의 1 조석주기 평균에서 파생된 조석 응력이 평균류를 일으키는 것을 나타내고 있다. 이와 같이 본래의 평균류 성분을 가지지 않는 왕복운동인 조류의 비선형의 결과로 생기는 평균류를 조석 잔차류(tidal-induce residual current)라 한다. 조류의 비선형이 생성하는 조석 잔차류의 발생기구는 (5.1.2), (5.1.3)식에서는 규명하기 어렵다. 조석, 조류의 운동은 본래 발산형태의 운동이다. 다시 말하면, 조류가 수렴되는 곳에서 수위가 상승하고 발산되는 곳에서 수위는 하강된다. 그러나 조석 잔차류의 운동은 발산성분을 가지지 않는 와형태의 운동이다. 즉 수위변화가 없는 조석 잔차류는 반드시 순환류의 구조를 가진다. 따라서 조석 잔차류의 발생 기구는 와도 방정식을 이용한 방법이 이해하기 쉽다(yanagi, 1983).

다시 (5.1.2)~(5.1.4)의 기초식으로 돌아가 교차미분(交差微分)에 의해 와동방정식을 유도해 보자. 간단히 하기 위해 벡터 형태로 표시한 운동방정식과 연속식은 다음과 같다.

$$\frac{\partial u}{\partial t} + (u \cdot \nabla)u + fK \times u = -g\nabla\eta + A_h\nabla^2 u - \frac{R}{h+\eta}u \tag{5.1.6}$$

$$\frac{\partial \eta}{\partial t} + \nabla \cdot \{(h+\eta)u\} = 0 \tag{5.1.7}$$

(5.1.6)식에 벡터 외적(外積)을 행하여 와동방정식을 유도하면,

$$\frac{\partial \omega}{\partial t} + \nabla \times \{(f+\omega)K \times u\}$$

$$= A_h\nabla^2\omega - \frac{R}{h+\eta}\omega - \frac{R}{(h+\eta)^2}u \times \nabla(h+\eta) \tag{5.1.8}$$

$$\omega = \nabla \times u \tag{5.1.9}$$

(5.1.8)식을 변형하면,

$$\frac{\partial \omega}{\partial t} = \left(\frac{f+\omega}{h+\eta}\right)\frac{d}{dt}(h+\eta) + A_h \nabla^2 \omega$$

$$-\frac{R}{(h+\eta)}\omega - \frac{R}{(h+\eta)^2} u \times \nabla (h+\eta)$$

(5.1.10)

여기서, 좌변은 어떤 수괴의 이동에 따른 그 수괴의 와도가 시간적으로 변화하는 비율을 나타내고 있다. 우변의 제1항은 그림 5.1.1에서와 같이 포텐셜 와도보존법칙에 따라 수주(水柱)의 신축에 따라 발생되는 와도를 나타낸다. 예를 들면 밀물시 깊은 장소에서 얕은 장소로 이동하는 수주는 부(負)의 와도를 갖고, 반대로 썰물시 얕은 장소에서 깊은 장소로 이동하는 수주는 정(正)의 와도를 갖는다. (5.1.10)식에서 제2항은 수평점성에 의해 감소하는 와도, 제3항은 해저마찰에 의해 감소하는 와도를 표시한다. 연직평균된 흐름을 문제시하고 있기 때문에 제2, 3항은 와도 감소를 표시하지만 만약 점성경계층 존재를 생각한다면 그림 5.1.2에서와 같이 경계존재에 의해서 생기는 점성 경계층내에서는 흐름의 전단응력에 의해서 밀물, 썰물로 각각 반대의 와도가 발생되고 수평, 연직점성은 와도 발생을 표시하게 된다. 제4항은 해저경사에 따른 해저마찰력의 torque가 작용하게 되어 생기는 와도를 표시한다. 해저를 흐르는 수괴에 대한 연직 평균된 해저 마찰력은 얕은 장소가 크게 되기 때문에, 예를 들면 그림 5.1.3과 같은 경우 수주는 정(正)의 와도를 갖게 된다.

해수가 역방향으로 흐를 경우에는 역 방향의 와도를 갖게 된다. 더구나 제2항의 수평 점성은 육안(陸岸)에서 생성되는 점성 경계층에 의해 와도가 발생될 뿐만 아니라 그림 5.1.4와 같은 갑(岬) 선단에서의 박리(剝離)현상에 의한 와도의 생성도 나타내고 있다. 이러한 점성경계층이나 박리현상에 의한 와도발생은 (5.1.10)식에서는 선원(線源) 혹은, 점원(店源)의 와도 발생의 경계조건으로 주어지는 것이 된다.

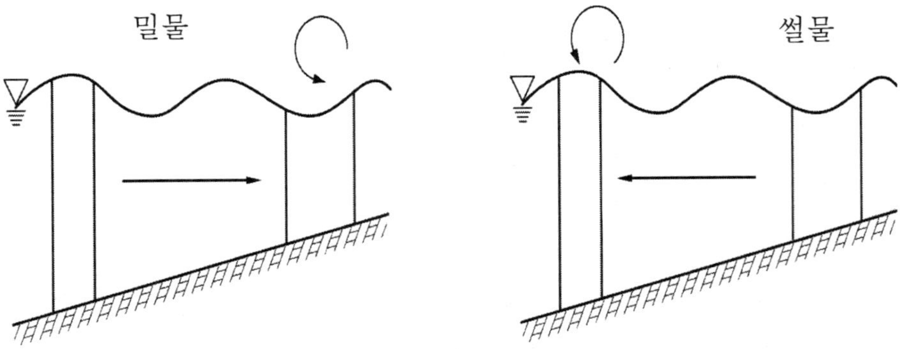

그림 5.1.1 포텐셜 와도 보존법칙에 기인한 조류와도

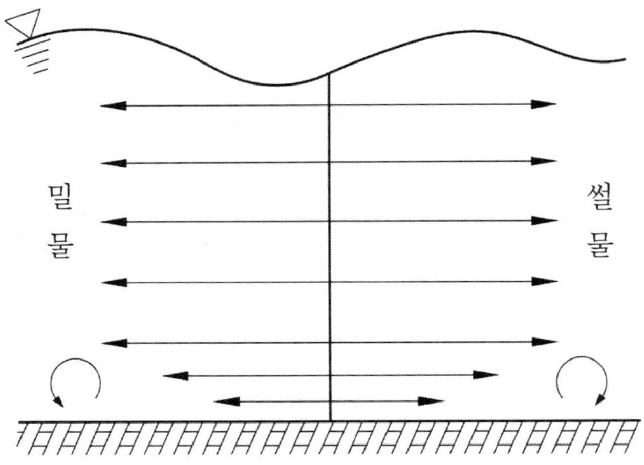

그림 5.1.2 점성 경계층내의 조류와도의 발생과정

이와 같이 생긴 조류의 와도가 어떻게 해서 조석 잔차류의 와도로 변화되어 가는가를 알아보기 위해 흐름, 와도, 수위 변동을 조석 주기 평균 성분과 조석 변동 성분으로 분리한다.

$$u = U + u', \quad \omega = \overline{\omega} + \omega', \quad \eta = \overline{\eta} + \eta' \tag{5.1.11}$$

(5.1.11)식을 (5.1.10)식에 대입하고 1 조석주기로 평균하면 다음 식이 구해진다.

$$F_{tt} + F_{rr} - \frac{R}{h+\overline{\eta}}\overline{\omega} + A_h \nabla^2 \overline{\omega} = 0 \tag{5.1.12}$$

$$F_{tt} = -\nabla \cdot (\overline{u'\omega'}) \tag{5.1.13}$$

$$F_{rr} = -\nabla \cdot (\overline{U\omega})$$

여기서, Ftt는 조석응력 S_x, S_y의 와도 성분을 표시하고 조류로부터 조석잔차류로의 와도 수송항을 표시한다. F_{rr}은 조석 잔차류 자체가 잔차 와도를 분배하는 항으로 된다. (5.1.12)식은 조류의 비선형 작용에 의해 조류로부터 조석 잔차류로 이송(移送)되어지는 잔차 와도가 조석 잔차류 자체에 의해 재분배되고 해저 마찰, 수평 점성에 의해서 분산되어져 균형이 이루어진다는 것을 알 수 있다. 또한 (5.1.13)의 F_{tt}는 1 조석주기 평균된 와도 수송이 존재하는 것만으로 조석 잔차류가 생성되지 않는다는 것을 알 수 있다. 조석 잔차류의 생성에 필요한 것은 1 조석 주기로 평균된 와도수송 방향의 수렴, 발산이 있어야 한다. 이것을 점성 경계층내의 와도에 의해 기인되는 조석 잔차류 생성에 대해서 생각해 보자.

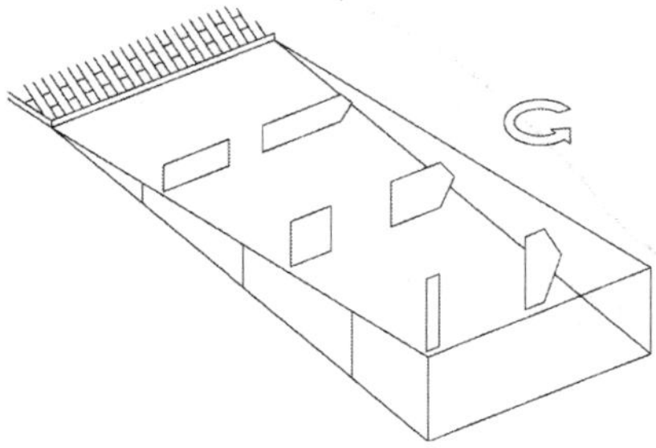

그림 5.1.3 해저마찰력 torque에 기인한 조류와도

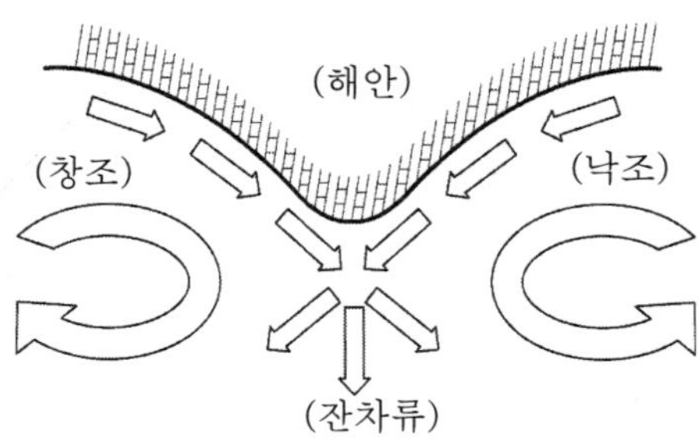

그림 5.1.4 박리에 기인한 조류와도

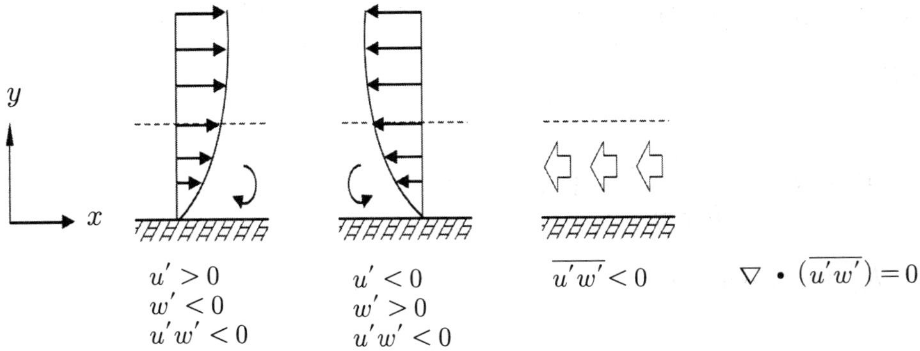

그림 5.1.5 점성경계층내의 조류와도 수송 및 1조석주기 평균와도 수송항

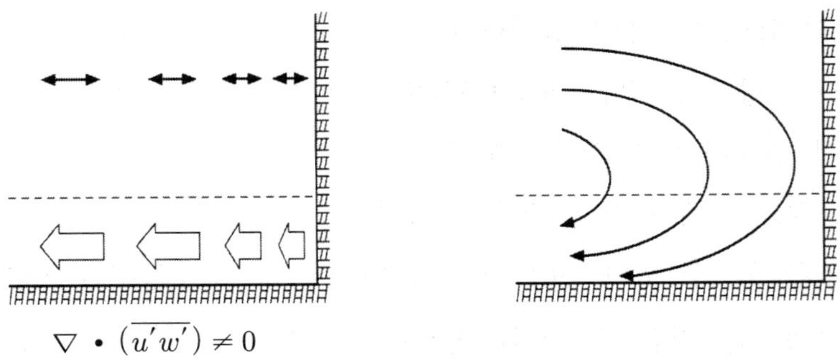

그림 5.1.6 점성경계층이 벽을 가지는 경우의 1조석주기 평균 와수송항의 수렴, 발산과 (왼쪽) 생성된 조석 잔차류(오른쪽)

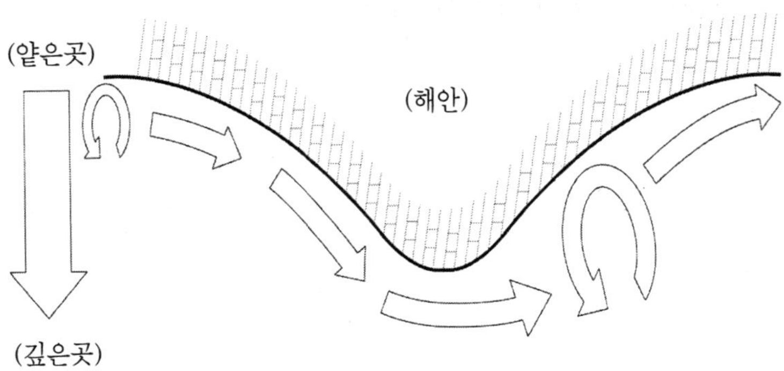

그림 5.1.7 해저마찰력은 수심이 깊어질수록 작아진다.

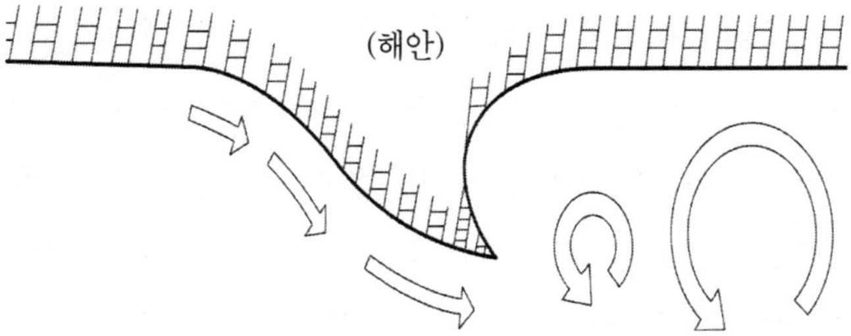

그림 5.1.8 갑에서 잔차류 발생

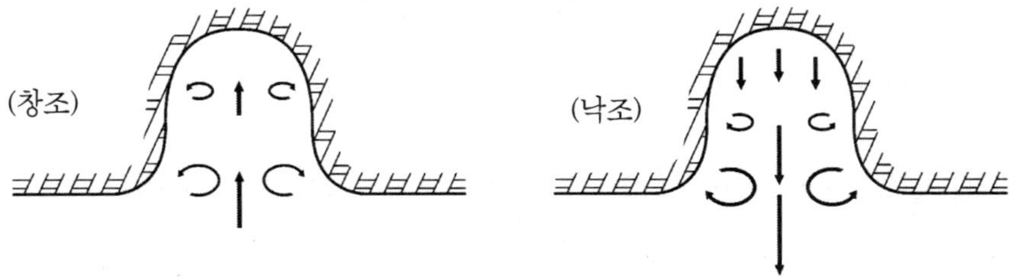

그림 5.1.9 만에서 창조시와 낙조시 잔차류 발생형태

그림 5.1.5와 같은 점성 경계층을 생각할 수 있다. 밀물에서 경계층내에 부(-)의 와도, 썰물에서는 경계층내에 정(+)의 와도가 생성되므로 경계층내에서는 1 조석 주기로 평균하면 부(-)의 와도 이동은 일정한 비율의 와도를, 경계층 내를 부(負)의 방향으로 이동하는 것만으로는 조석 잔차류는 발생하지 않는다. 여기서 그림 5.1.6과 같이 만내의 존재를 생각하여 보자. 이 경우 조류 유속과, 조류 와도는 만내로 향하여 작아지기 때문에 경계층내의 1 조석주기를 평균한 와도 이송항도 만내로 향하여 작아지게 된다. 따라서 경계층 내에서는 1 조석 주기가 평균되어 남은 조류의 와도 수송의 수렴이 생기고, 이것을 보상하기 위한 잔차류 와도가 생성되어 그림 5.1.6과 같은 조석 잔차류가 생성되어진다.

다음 F_{rr}의 의미에 대하여 생각해 보자. 그림 5.1.1~5.1.3에서와 같은 기구에 의한 조류 와도에 기인하는 조석 잔차류의 발생 기구에 의해서 생성되어진 조석 잔차류 그 자체의 유속은 조류 유속에 비해서 작고, F_{rr}은 거의 문제가 되지 않을 만큼 작다. 그러나 그림 5.1.8와 같은 갑(岬)과 만 입구의 제방 선단에서의 박리(剝離)에 의해 만들어지는 조류 와도가 돌제(突堤)가 있는 곳에서 만내로 운반되어져 점점 쌓이고 만 전체를 순환하듯이 조석 잔차류를 생성할 경우(그림 5.1.10), 만 입구 부근은 조류의 박리에 의한 F_{rr}와 생성되어진 조석 잔차류 자체에 의한 잔차 와도의 분배항 F_{rr}는 거의 균형을 이루고 만의 다른 장소에서는 F_{rr}과 점성에 의해 잔차류 와도의 분산항이 균형을 이루는 상황이 일어난다. 이 경우 F_{rr}이 중요한 역할을 한다(Yanagi, 1976 ; Onishi, 1977).

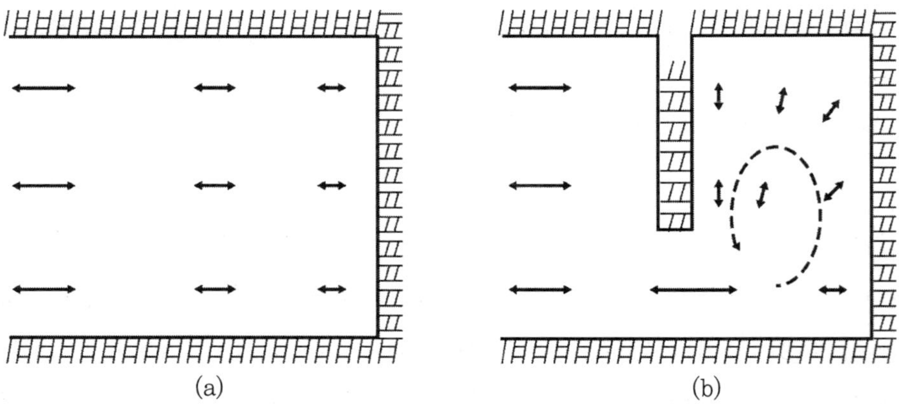

그림 5.1.10 조류(실선)와 조석잔차류(점선)

왼쪽으로부터 조석파가 입사할 때 (a)의 경우는 단순한 왕복류로 조류밖에 존재하지 않지만 (b)의 경우에는 만구의 돌제부근에서 발생한 정(正)의 조류와도가 만내에 집적(集積)하여 반시계방향의 조석잔차류를 생성한다. (a), (b)도 만내의 조석은 같은 모양이다. 잔차류의 주성분인 다른 두 흐름, 밀도류와 취송류는 시간적으로 상당히 불안정한데 비해서, 조석 잔차류는 원인이 되는 조류가 안정되어 있기 때문에 연간(年間) 비교적 안정되어 있다. 그림 5.1.11은 군산 새만금 간척해역의 봄의 잔차류를 나타내고 있다.

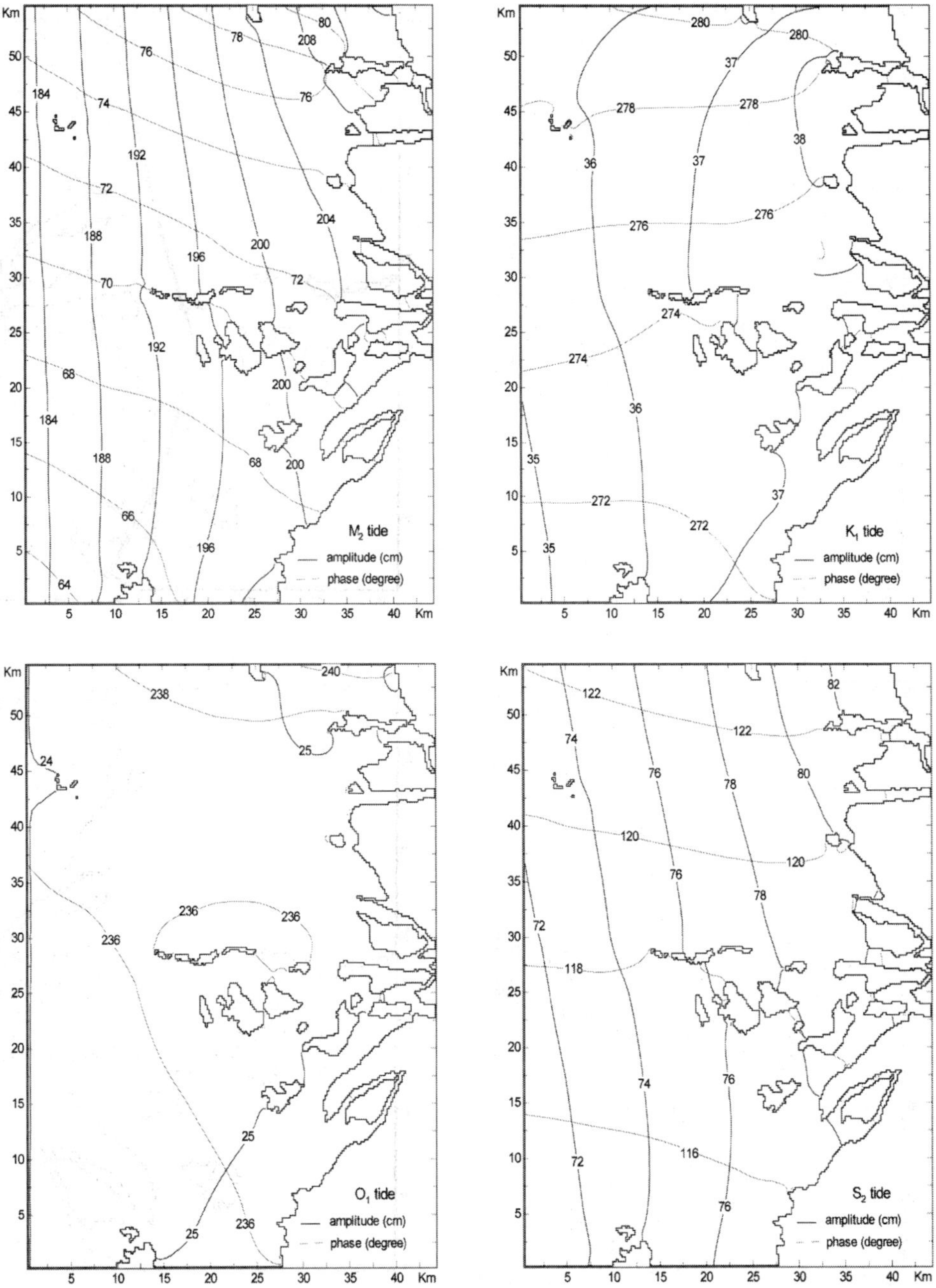

그림 5.1.11 새만금방조제 축전후의 4분조(M2, S2, K1, O1)의 진폭과 위상계산결과

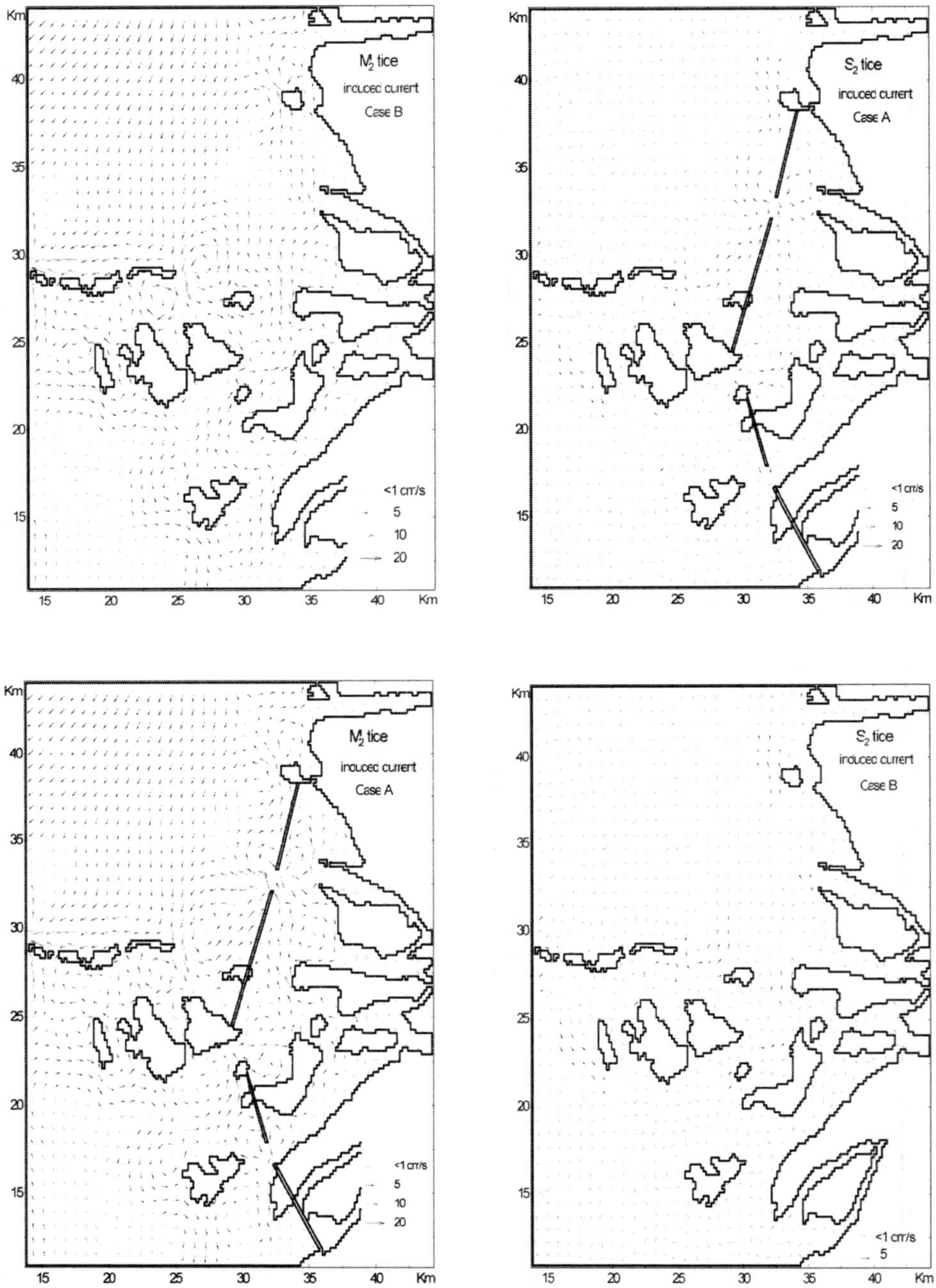

그림 5.1.12 새만금방조제 축전후의 수심평균 M2, S2의 잔차류의 계산결과

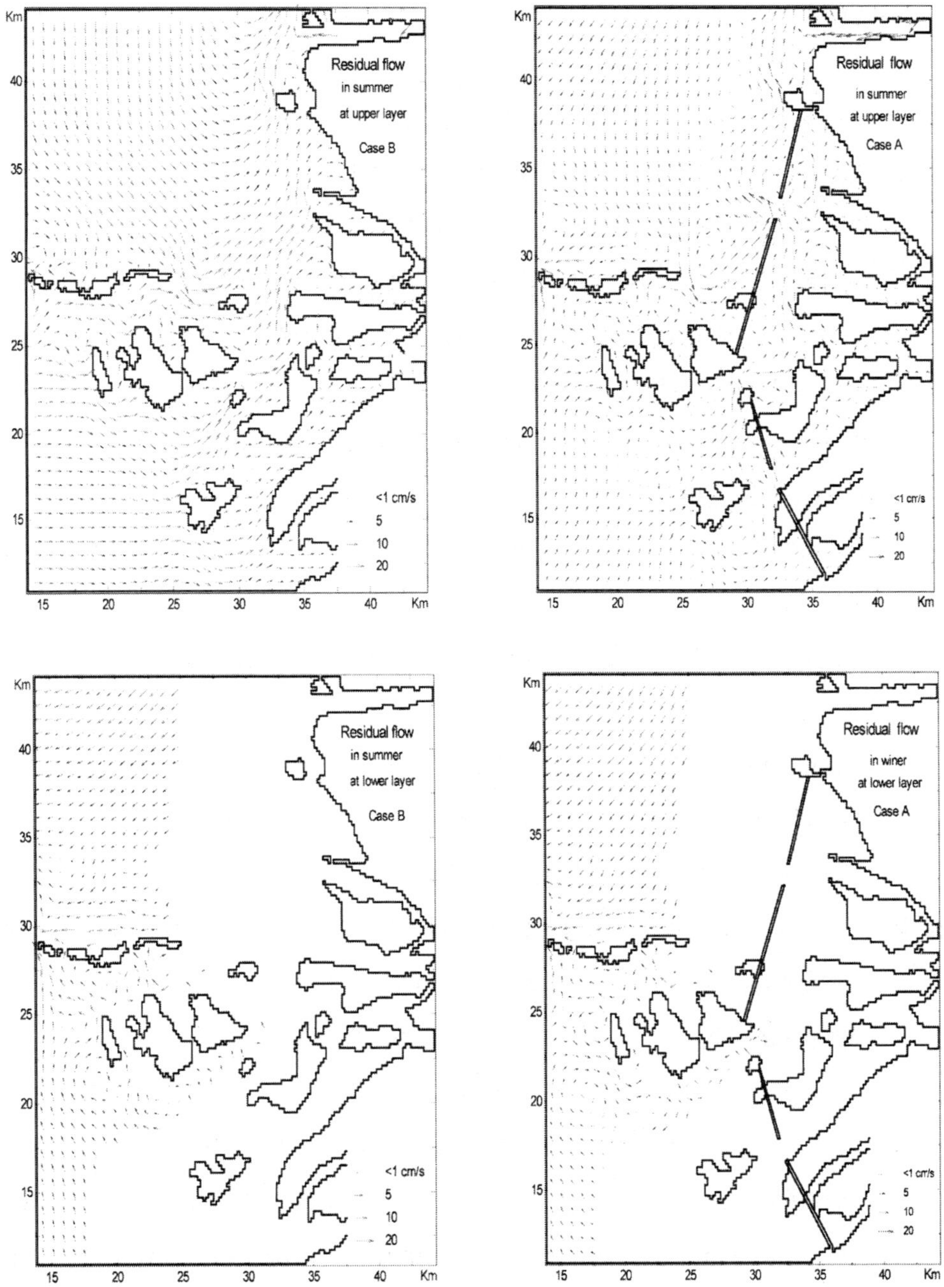

그림 5.1.13 새만금 주변 해역의 방조제 축조전후의 잔차류

참고문헌

1. 干拓工學(1988), 申文燮외 2인, 京文社.
2. 水産土木工學(1987), 申文燮외 1인, 京文社.
3. 해안수리학(1995), 신문섭외 3인, 동명사.
4. 수리학의 역사(1996), 신문섭외 12인, 한국수자원학회.
5. 申文燮(1990):海域에서 土砂投下에 따른 濁水塊 擧動에 관한 研究(慶熙大學校 博士學位論文).
6. 申文燮(1990):海域에서 土砂投下에 따른 濁水塊 擧動에 관한 研究(韓國海岸·海洋工學會誌 第2券).
7. 申文燮(1991):鹽水投下에 따른 鹽水塊 擧動에 관한 研究(韓國海岸·海洋工學會誌 第3券).
8. 申文燮(1996):海上工事에 따른 토사확산예측(韓國海岸·海洋工學會誌 第8券).
9. Shin Moon Seup, Jong Nam Lee, Sung Kun Hong(1994) : Development of Model by Soil Diffusion within Dam, Hydro-Port^94, October 19-21, Yokosuka, Japan.
10. Shin Moon Seup, Lee Jong Nam(1991) : An analysis of diffusion by probability method, journal of korean society of coastal and ocean engineers, 8.
11. Yanagi T.,Coastal Oceanography (1994).
12. Yanagi, T., Okada S. and Tsukamoto K.(1992) : Numerical simulation of dispersal patterns of red sea bream juveniles, Pagrus major, in Nyuzu Bay, Japan, Journal of Marine System, 3, 477-487.
13. Yanagi, T., Horikawa Y. and Sekiguchi H.(1993) : Numerical

simulation of dispersion of the Pinnixa rathbuni larvae in Ise bay, Japan Memoirs of the Faculty of Engineering, Ehime University, 12-4, 345-354.

14. Shin M. S., Yanagi T. Hong S.K.(1996) : Mitigation Around Saemangeum Bay in Korea, ISOPE, Proceedings vol.1, 128-133.
15. Shin M. S., Yanagi T. Hong S.K.(1997) : A study of sedimentation processes in seamangeum coastal area, ISOPE, Proceedings vol.1, 228-235.
16. 제주지방해운항만청(1998),화순항 방파제 수리모형실험용역보고서.
17. 신문섭, 김진호, 유병로(2014), 새만금 매립토 확보에 따른 토사확산 예측과 Mitigation에 관한 연구(한국환경기술학회지 15권 5호)

부 록 (A)

조석에 의한 잔차류의 발생

x축방향의 수심평균 유속은

$$\bar{u} = \frac{1}{h+\zeta} \int_{-h}^{\zeta} u_h(z)dz \tag{1}$$

Eulerian 조석잔차류 :

$$u_E = \frac{1}{T}\int_{t_0}^{t_{0+T}} \left(\frac{1}{h+\zeta} \int_{-h}^{\zeta} u_h(z)dz \right) dt \tag{2}$$

Lagrangian 조석 잔차류 :

$$u_L = \frac{1}{T}\int_{t=t_0}^{t=t_{0+T}} \left(\bar{u} + \int_{t_0}^{t} \bar{u}dt' \cdot \nabla \bar{u} \right) dt = \tag{3}$$

$$u_E + \frac{1}{T}\int_{t_0}^{t_{0+T}} \left(\int_{t_0}^{t} \bar{u}dt' \cdot \nabla \bar{u} \right) dt$$

조석 잔차유속

$$u_T = \frac{1}{hT}\int_{t_0}^{t_0+T} U dt = \frac{1}{hT}\int_{t_0}^{t_0+T}\int_{-h}^{\zeta} u_h(z)\,dz\,dt \tag{4}$$

$$u_T = u_E + \frac{1}{hT}\int_{t_0}^{t_0+T} \zeta\overline{u}\,dt$$

연속방정식

$$\frac{\partial u}{\partial x} + \frac{\partial v}{\partial y} + \frac{\partial w}{\partial z} = 0 \tag{5}$$

수심 평균 연속방정식은 (6)식과 같다.

$$\frac{\partial \zeta}{\partial t} + \nabla\left[(h+\zeta)\overline{u}\right] = 0 \tag{6}$$

$$\frac{\partial \zeta}{\partial t} + \frac{\partial U}{\partial x} + \frac{\partial V}{\partial y} = 0$$

수평 운동방정식은 (7)식과 같다.

$$\frac{\partial u_h}{\partial t} + u_h \cdot \nabla u_h + w\frac{\partial u_h}{\partial z} + f\left(\hat{k_z} \times u_h\right) = -g\nabla\left(\zeta + \frac{P_a}{\rho g} - \zeta'\right) + \frac{1}{\rho}\frac{\partial F_{ij}}{\partial x_i}\hat{k_j} \tag{7}$$

(7)식의 수평 운동방정식을 수심 적분하면 가속성분을 얻는다.

$$\frac{1}{h+\zeta}\int_{-h}^{\zeta}\frac{du}{dt}dz = \frac{\partial \overline{u}}{\partial t} + \overline{u}\frac{\partial \overline{u}}{\partial x} + \overline{v}\frac{\partial \overline{u}}{\partial y} + a_x \tag{8}$$

$$a_x = \frac{1}{h+\zeta}\left[\frac{\partial}{\partial x}\left[(h+\zeta)\left\{\overline{u^2} - (\overline{u})^2\right\}\right] + \frac{\partial}{\partial y}\left[(h+\zeta)\left\{\overline{uv} - (\overline{u})(\overline{v})\right\}\right]\right] \tag{9}$$

Reynolds난류응력항은 다음과 같다.

$$\frac{1}{h+\zeta}\int_{-h}^{\zeta}\frac{1}{\rho}\left(\frac{\partial F_{xx}}{\partial x}+\frac{\partial F_{yx}}{\partial y}+\frac{\partial F_{zx}}{\partial z}\right)dz$$

$$=\frac{W_x}{\rho(h+\zeta)}-\frac{k\overline{u}|\overline{u}|}{h+\zeta}+B\left(\frac{\partial^2\overline{u}}{\partial x^2}+\frac{\partial^2\overline{u}}{\partial y^2}\right) \tag{10}$$

$$B\left(\frac{\partial^2\overline{u}}{\partial x^2}+\frac{\partial^2\overline{u}}{\partial y^2}\right)$$

$$=\frac{1}{\rho(h+\zeta)}\left[\frac{\partial}{\partial x}\int_{-h}^{\zeta}F_{xx}dz+\frac{\partial}{\partial y}\int_{-h}^{\zeta}F_{xy}dz-\frac{\partial\zeta}{\partial x}F_{xx}(\zeta)-\frac{\partial\zeta}{\partial y}F_{xy}(\zeta)\right] \tag{11}$$

수심평균 운동방정식은 다음과 같다.

$$\frac{\partial\overline{u}}{\partial t}+\overline{u}\cdot\nabla\overline{u}+f(k_z\times\overline{u})+a$$

$$=-g\nabla\left(\zeta+\frac{P_a}{\rho g}-\zeta\right)+\frac{W}{\rho(h+z)}-\frac{k\overline{u}|\overline{u}|}{h+\zeta}+B\nabla^2\overline{u} \tag{12}$$

운동방정식의 수심평균에 의한 잔차류는

$$u=u_1+u_E \tag{13}$$

$$\zeta=\zeta_1+\zeta_E$$

여기서, $|u_E| < |u_1|$, $|\zeta_E| < |\zeta_1|$ 와 같다.

여기서, u_1,ζ_1 는 조석에 의한 시간평균의 진동운동 성분이다.

$$\frac{\partial u_E}{\partial t}+cu_E+f(k_z\times u_E)+\widehat{u_1\cdot\nabla u_1}$$

$$=-g\nabla\left(\zeta_E+\frac{\widehat{p_a}}{\rho g}\right)+\left(\frac{\widehat{W}}{\rho(h+\zeta)}\right)-\frac{k\widehat{u_1\mid u_1\mid}}{h+\zeta}+B\nabla^2u_E-Fu_E \tag{14}$$

(12)식 으로부터 와동 방정식은

$$\frac{\partial w}{\partial t}+\nabla\times\left[(f+w)k_z\times\overline{u}\right]+\nabla\times a$$

$$=\nabla\times\frac{W}{\rho(h+\zeta)}-k\nabla\times\frac{\overline{u}\mid\overline{u}\mid}{h+\zeta}-B\nabla^2w+\nabla B\times\nabla^2\overline{u} \tag{15}$$

연속방정식을 이용하여 정리하면 potential와도성분을 구할 수 있다.

$$\frac{d}{dt}\left(\frac{w+f}{h+\zeta}\right)=-\frac{\nabla\times a}{h+\zeta}+\frac{1}{h+\zeta}\nabla\times\frac{W}{\rho(h+\zeta)}- \tag{16}$$

$$\frac{k}{h+\zeta}\nabla\times\frac{\overline{u}\mid\overline{u}\mid}{h+\zeta}+\frac{B}{h+\zeta}\nabla^2w+\frac{\nabla B\times\nabla^2\overline{u}}{h+\zeta}$$

w의 와도는

$$\frac{dw}{dt}+\frac{df}{dt}=\left(\frac{w+f}{h+f}\right)\frac{d}{dt}(h+\zeta)-\nabla a+\nabla\times\frac{W}{\rho(h+\zeta)}$$

$$-\frac{k\mid\overline{u}\mid}{h+\zeta}w+k\overline{u}\times\nabla\frac{\mid\overline{u}\mid}{h+\zeta}+B\nabla^2w+\nabla B\times\nabla^2\overline{u} \tag{17}$$

와도에 의한 잔차성분은

$$\widehat{\hat{u}\cdot\nabla w} = \frac{w+f}{h+\zeta}\widehat{\frac{d}{dt}}(h+\zeta) - \frac{k\widehat{\mid \bar{u} \mid}}{(h+\zeta)}w + k\bar{u}\times\nabla\frac{\widehat{\mid \bar{u} \mid}}{(h+\zeta)} + B\widehat{\nabla^2 w} \tag{18}$$

부 록 (B)

부록 1. 미분법

속도 u가 시간 t의 함수인 것을

$$u = f(t) \tag{1}$$

로 쓰고 $f(\quad)$는 t와 u의 관계가 어떤 내용인가를 나타내는 일반적인 표현 기호이다. 시간이 δt만큼 증가하여 $(t+\delta t)$가 되었을 때의 속도는 (1)의 표현에서 $f(t+\delta t)$이기 때문에 u의 증가량은 $\delta u = f(t+\delta t) - f(t)$이다. 따라서 미분상 du/dt는

$$\frac{du}{dt} = \lim_{\delta t \to 0} \frac{f(t+\delta t) - f(t)}{\delta t} = \frac{f(t+dt) - f(t)}{dt} \tag{2}$$

여기서 $\lim\limits_{\delta t \to 0}$는 δt을 한없이 0에 접근 시킨다고 하는 기호로 limit라고 읽는다. (1)식에서 (2)식을 구하는 것을 u를 t로 미분한다고 한다. du/dt가 t의 함수일 때

$$\frac{du}{dt} = f'(t) \tag{3}$$

라고 쓴다. 또 (1)식을 이용하여

$\dfrac{du}{dt} = \dfrac{df(t)}{dt} = \dfrac{d}{dt}f(t)$ 등으로도 쓴다.

(3)식을 한 번 더 미분하면

$$\frac{d}{dt}\left(\frac{du}{dt}\right)=\frac{d^2u}{dt^2}=f''(t) \tag{4}$$

라고 써서 2계미분(階微分)이 성립한다.

(2)식은 t의 증가량 δt을 무한히 작게 할 때 u의 증가량 δt를 무한히 작게 할 때 u의 증가량 δu도 무한히 작아진다는 관계이다.

그래프에서 설명하면 매끄럽게 연결된 곡선에서 성립하고, 이와 같은 함수 즉, $\delta t \to dt$일 때 $\delta u \to du$인 함수를 연속함수라고 한다. 즉 연속함수에 대해서만 미분이 가능하다. (3)식에서

$$du = f'(t)dt \tag{5}$$

du을 미분, dt을 미분변수라고 한다.

상미분은 미분의 상(商)이기 때문에 분수법칙이 성립한다. 상미분 $f'(t)$는 (5)식에서 미분 변수의 계수가 되고 있기 때문에 미분계수라고 한다. 또 (3)식은 (1)식에서 유도된 함수라고 하는 의미에서 도함수라고 한다.

상미분, 미분계수, 도함수는 같은 것이다.

몇 가지 기본 공식을 쓰면, u, v을 t의 함수, c는 *라고 하고 (2)식을 이용하면

$$\left\{\begin{aligned}&\frac{d(cd)}{dt}=\frac{c(u+du)-cu}{dt}=c\frac{du}{dt}\\&\frac{d}{dt}(u+v)=\frac{(u+du)+(v+dv)-(u+v)}{dt}=\frac{du}{dt}+\frac{dv}{dt}\\&\frac{d(uv)}{dt}=\frac{(u+du)+(v+dv)-uv}{dt}=u\frac{dv}{dt}+v\frac{du}{dt}\end{aligned}\right\} \tag{6}$$

$$\frac{d}{dt}\left(\frac{v}{u}\right)=\frac{\dfrac{v+dv}{u+du}-\dfrac{v}{u}}{dt}=\frac{u\dfrac{dv}{dt}-v\dfrac{du}{dt}}{u^2}$$

$$\frac{du}{dv}=\frac{1}{\dfrac{dv}{du}},\ \frac{du}{dv}=\frac{du/dt}{dv/dt},\ \frac{du}{dv}=\frac{du}{dt}\cdot\frac{dt}{dv}$$

가 성립한다.

여기에서 d는 무한소 기호이기 때문에 (6)식의 제3식의 분자는 $udv+vdu+dudv$가 되지만 끝항은 고차의 미소량으로 생략된다.

제 4 식 에서도 $(u+du)=u^2$ 등이 이용되고 있다. u에 대해 du, du에 대해 $(du)^2$ 등을 고차의 미소량이라고 하는 가감산(加減算)에서 고차의 미소량은 생략할 수 있다. 여러 함수의 미분상에 대해서 표시하면

$u=c$일 때

$$\frac{du}{dt}=\frac{c-c}{dt}=0 \tag{7}$$

$u=t^n$일 때

$$\begin{aligned}\frac{du}{dt}&=\frac{(t+dt)^n-t^n}{dt}\\&=\frac{t^n+nt^{n-1}dt+\cdots\cdots+(dt)^n-t^n}{dt}=nt^{n-1}\end{aligned} \tag{8}$$

(예제) 다음 함수를 미분하여라.

① $u=5t^3+2t+8$

(6)식의 제 1, 제 2 식과 (7), (8)식에서

$u'=15t^2+2$

미분변수가 명확할 때는 du/dt, d^2u/dt^2 등을 (3)식 우변에 준하여 u', u''등으로 쓸 수도 있다. 더구나 미분변수가 시간의 경우에 한해서 $\dot{u}$, $\ddot{u}$ 등으로 쓸 수 있다. 더구나 미분변수가 시간의 경우에 한해서 $\dot{u}$, $\ddot{u}$ 등으로 쓸 수도 있다.(뉴톤에 의한 미분기호).

② $u=\sqrt{3t^2+5}$

(6)식의 제 7식과 (7), (8)식에서

$$x = 3t + 5,\ u = \sqrt{x} = x^{\frac{1}{2}}$$

라고 쓸 수 있기 때문에

$$\frac{du}{dt} = \frac{du}{dx} \cdot \frac{dx}{dv} = \left(\frac{1}{2}x^{\frac{1}{2}-1}\right)(6t) = \frac{3t}{\sqrt{3t^2+5}}$$

부록 2. 적분법

앞장에서는 미소요소에 있어서의 미소시간의 관계식을 구해보았다. 이것은 미소구간에서 있어서 직선적 변화 혹은 일정이라는 취급이 가능하기 때문이다. 또 부록 1에서 서술한 것같이 무한소 변화의 비, 즉 미분상은 부록 (2), (6), (7), (8) 식에서 나타난 것같이 규약화하여 구해진다. 그래서 미소 혹은 무한소 요소의 무한소 시간에 있어서의 규칙성, 즉 미분방정식으로 나타낸 법칙은 유한의 크기로 바꾸어 놓는다. 즉 적분하는 것으로 된다. 관의 중심으로부터 거리 r과 r점의 유속 u의 관계를 쓰면

$$\frac{du}{dr} = kr, \quad k = -\frac{p_1 - p_2}{2l\mu} \tag{1}$$

이다. 이 문제에서는 단면의 유속분포를 구하기 때문에 단면 내에서 일정의 량은 모두 k로 나타내었다. (1)식과 같이 변수 u, r의 미분상을 포함한 방정식을 미분방정식이라 한다.

(1)식의 제 1 식의 양변에 dr을 곱하고 부록 1 의 (5) 식에 표시한 미분형으로 쓰면

$$du = krdr \tag{2}$$

(2)식은 r이 무한소 증가량 dr만큼 증가한 때의 유속 u의 증가량 du가 $krdr$이 됨을 나타내고 있다. 여기서 알려고 하는 것은 유한의 값 u의 분포이다. 즉 변화량 du의 전체 합계 u이다. 미분 du을 합계하는 것을 적분

이라 하고 다음과 같이 쓴다.

$$u = \int du = \int krdr \tag{3}$$

기호 $\int \cdot dr$을 적분기호라고 부르고 dr을 적분변수라고 한다. 이 예에서는 관의 중심 $r=0$에서 최대 유속은 u_0가 되고 관벽 $r=a$에서 유속은 0이 되기 때문에 **그림 1**과 같이 된다.

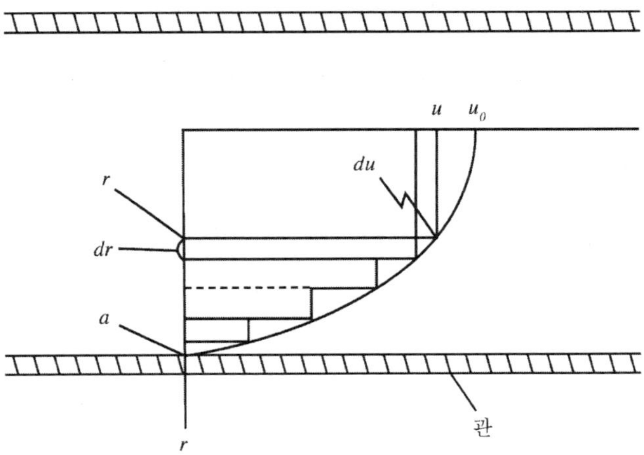

그림 1 관내의 유속분포

그림 1의 r점의 유속 u는 $a \sim r$ 사이의 du의 합계이기 때문에

$$u = \int krdr \tag{4}$$

이라 쓰고 r, a를 적분한계라고 한다. 적분한계를 나타낸 식을 정적분이라 한다. 그래서 (1)식은 u를 r로 미분한 것이 kr이 됨을 나타 내기었기 때문에 u는 미분하여 kr이 되는 원래의 함수를 찾게 된다. 이것은 미분의 역연산이고 부록 1 의 (7), (8)식에서

$$u = \frac{1}{2}kr^2 + C$$

임을 알 수 있다. 이것과 (3)식에서

$$u = \int krdr = \frac{1}{2}kr^2 + C \tag{5}$$

C는 상수이고 적분상수라고 한다. 미분하면 C는 0이 된다. (5)식과 같이 적분기호에 적분한계가 붙어 있지 않는 식을 부정적분이라 한다. 부정적분에서는 반드시 적분상수 C가 붙는다. (5)식에서 r과 u의 관계를 구했지만 미지의 상수 C가 있는 것에서는 형편이 나쁘다. 이것은 u가 갖는 특정 조건에서 정해진다. u는 관벽 $r = a$에서 0이 아니면 안된다.

$$0 = \frac{1}{2}ka^2 + C \qquad \therefore C = -\frac{1}{2}ka^2$$

$$\therefore u = \frac{k}{2}(r^2 - a^2) \tag{6}$$

이 되고, r과 u의 관계가 구해졌다.

다음으로 (6)식과 (4)식의 기법상의 관계를 구해보자. u는 (5)식과 같이 미분의 역연산으로서 구할 수 있기 때문에 이것과 (6)식을 고려해서

$$u = \left[\frac{k}{2}r^2\right] = \frac{k}{2}r^2 - \frac{k}{2}a^2 = \frac{k}{2}(r^2 - a^2)$$

으로 하면 된다. 일반적으로

$$F(t) = \int f(t)dt$$

가 되면

$$F'(t) = f(t) \tag{7}$$

이고, $F(t)$를 $f(t)$의 부정적분이라 하고 미분의 역연산으로 구할 수 있다. 정적분에 대해서는

$$\int f(t)dt = F(b) - F(a) \tag{8}$$

가 된다. (8)식은 또 그림 2와 같이 이해할 수 있다. $f(t)dt$는 그림에서 빗금 친 부분의 면적은 du이다.

$$du = f(t)dt \tag{9}$$

이 du를 t가 a에서 b까지 합하기 때문에

$$u = \int f(t)dt$$

는 그림에서 $u = f(t)$와 t축에 낀 ab사이의 면적이다. (9)식에서

$$\frac{du}{dt} = f(t)$$

이기 때문에 u는 적분의 역연산으로서

$$u = F(t) + C$$

가 구해지고, $t = a$에서 u는 0이기 때문에 적분상수 C는 $-F(a)$이고

$$u = F(t) - F(a)$$

이 식은 $t = a$의 선에서 잰 $t = t$까지의 면적이고, $t = b$의 값은

$$u = F(b) - F(a)$$

이다. 만약 $t = b$의 선에서 측정한 것으로 하면

$$\int_b^a f(t)dt = F(a) - F(b)$$

이기 때문에

$$\int_a^b f(t)dt = -\int_b^a f(t)dt \tag{10}$$

또 합계한 범위를 나누어서 생각하면

$$\int_a^b f(t)dt = -\int_a^c f(t)dt + \int_c^b f(t)dt \tag{11}$$

로 할 수 있다. 다시 몇 개의 공식을 소개하면 부록 1의 (6)식의 제1~제3식 및 (8)식에 대응하여

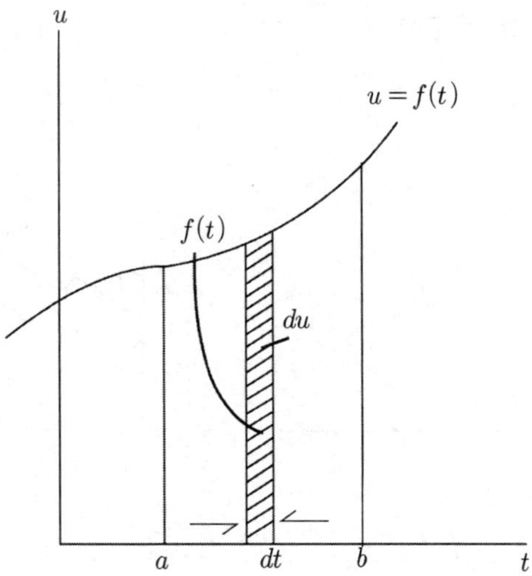

그림 2 적분

$$\int cudt = c\int udt \tag{12}$$
$$\int (u+v)dt = \int udt + \int vdt$$
$$uv = \int uv'dt + \int u'vdt$$

$$\int t^n dt = \frac{1}{n+1}t^{n+1} + C \tag{13}$$

등이 얻어진다. 또 (6)식의 제 6, 7식에 대응하여 $u = f(v)$, $v = g(t)$일 때

$$\int_a^b f(v)dv = \int_\alpha^\beta fg(t)g'(t)dt \tag{14}$$

로서 적분변수를 v에서 t로 변화할 수 있다. 여기서 $dv = g'(t)dt$이고 v에 관한 적분영역 ab는 t에 관한 적분영역으로 고칠 필요가 있고, 이것은 $a = g(\alpha)$, $b = g(\beta)$를 만족하여 $\alpha\beta$로 변환 된다.

(예제) 반경 r의 球의 체적 v를 구하여라. **그림 3**에서 원형으로 자른 미소체적 dv는

$$dv = \pi y^2 = \pi(r^2 - x^2)dx$$

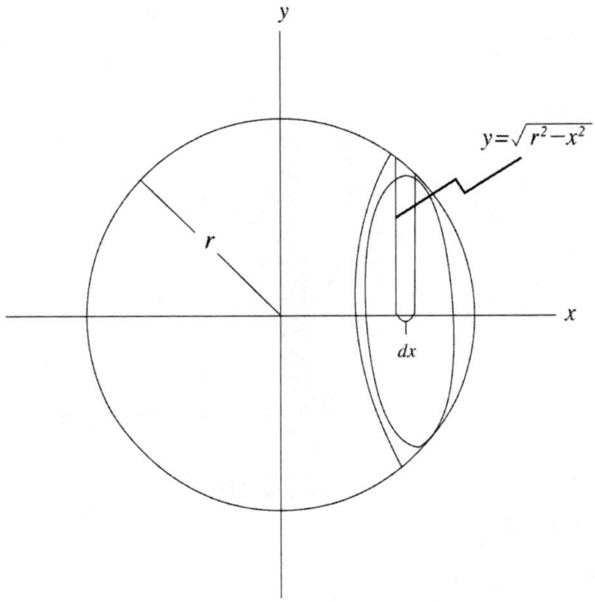

그림 3 구의 체적

따라서

$$v = \int_{-r}^{r} \pi(r^2 - x^2)dx = \pi\left[r^2 x - \frac{x^3}{3}\right]_{-r}^{r}$$
$$= \pi\left[\left(r^3 - \frac{r^3}{3}\right) - \left(-r^3 + \frac{r^3}{3}\right)\right] = \frac{4\pi r^3}{3}$$

부록 3. 삼각함수

직각 삼각형 $ORP(\angle R=$ 직각) 연변의 비에 대해서 다음과 같이 이름을 붙이고 있다. $\angle POR=\theta$로 하면

각 θ의 정현 $(\sin\theta = y/r)$

각 θ의 여현 $(\cos\theta = x/r)$

각 θ의 정접 $(\tan\theta = y/x)$ (1)

각 θ의 여접 $(\cot\theta = x/y)$

각 θ의 정할 $(\sec\theta = r/x)$

각 θ의 여할 $(\mathrm{cosec}\theta = r/y)$

이 비의 값은 θ에만 관한 값이다. 삼평방의 정리 $x^2 + y^2 = r^2$의 양변을 r^2, x^2, y^2으로 나누어 비의 형으로 하면

$$\sin^2\theta + \cos^2 = 1$$
$$1 + \tan^2 = \sec^2\theta \qquad (2)$$
$$\cot^2\theta + 1 = \mathrm{cosec}^2\theta$$

여기서 $(\sin\theta)^2$을 $\sin^2\theta$로도 쓴다. 정의에서

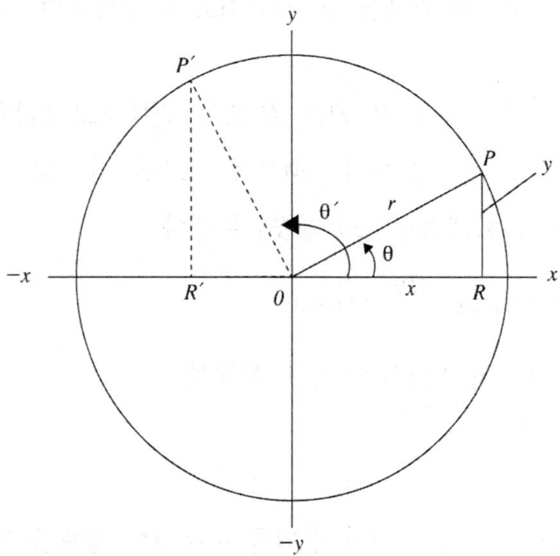

그림 1 삼각함수

$$\cot\theta = 1/\tan\theta,\ \sec\theta = 1/\cos\theta,\ \mathrm{cosec}\theta = 1/\sin\theta$$

$$\tan\theta = \frac{y/r}{x/r} = \frac{\sin\theta}{\cos\theta} \qquad (3)$$

각 θ는 직각을 $90°$라고 하고 도수법과 같이 r(반경)의 호에 대한 중심각을 1 라디안($radian$)이라 하는 호도법이 있다. 이론적으로는 후술한 호도법이 편리하기 때문에 이론전개는 모두 호도법으로 한다. 호도법에는 호의 길이 l, 반경 r, 각 θ사이에는

$$l = r\theta \tag{4}$$

의 관계가 있다. 따라서 원둘레 $2\pi r$에 관한 중심각은 2π이고 도수법에서는 $360°$이기 때문에 $\pi radian = 180°$이다.

삼각함수의 미분

그림 2에서 점 p가 반경 1인 원주상을 이동할 때 종거 y와 각 x의 관계는 $y = \sin x$이고, 이 관계를 x, y의 좌표로 표시하면 그림 2의 (b)와 같이 된다.

x가 dx만큼 증가하면 점 P는 P_1으로 진행하고 (4)식에서 $PP_1 = dx$가 된다. 또 $P_1A = dy$이기 때문에, 그림 (b)의 dy/dx는 (a)의 $P_1A/PP_1 = \cos x$(확대그림 (c) 참조)가 된다.

$$y = \sin x, \ \frac{dy}{dx} = \cos x$$

$y = \cos x$의 미분은 (2)식의 제 1 식에서

$$y^2 = 1 - \sin^2 x \tag{5}$$

부록 1의 (6)식의 제 7 식의 방법을 이용하여 양변을 미분한다.

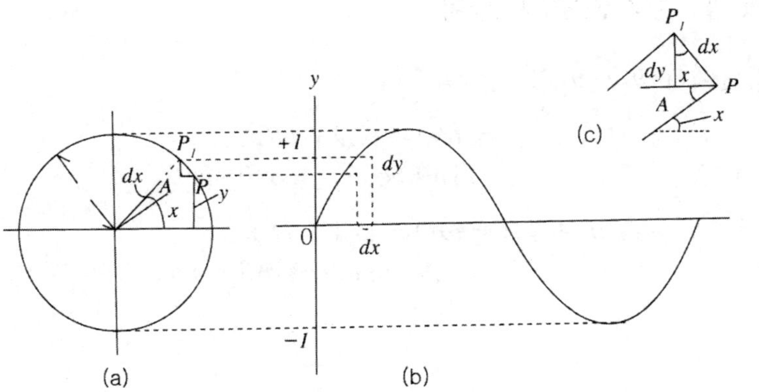

그림 2 삼각 함수의 미분

$$2y\frac{dy}{dx}=-2\sin x\cos x$$

$$\therefore \frac{dy}{dx}=-\sin x$$

(5)식의 미분은 다음과 같이 구하여진다.

$$\frac{dy^2}{dx}=\frac{dy^2}{dy}\cdot\frac{dy}{dx}=2y\frac{dy}{dx}$$

(5)식 좌변의 $\sin^2 x$의 미분은 $t=\sin x$라 놓고

$$\frac{d(\sin^2 x)}{dx}=\frac{dt^2}{dx}=\frac{dt^2}{dt}\cdot\frac{dt}{dx}=2t\cdot\cos x=2\sin x\cos x$$

로 하고 있다.

$y=\tan x$의 미분은 (3)식과 부록 1 에서 (6)식의 제 4 식에서

$$\frac{dy}{dx}=\frac{\cos^2 x-\sin x(-\sin x)}{\cos^2 x}=\frac{1}{\cos^2 x}=\sec^2 x$$

적분은 그 역연산이다.

부록 4. 삼각함수의 공식

그림 1에서 $\theta_1+\theta_2$의 삼각함수는

$$\sin(\theta_1+\theta_2)=CD=ED+CE$$
$$=\sin\theta_1\cos\theta_2+\cos\theta_1\sin\theta_2$$
$$\cos(\theta_1+\theta_2)=OD=OA-DA$$
$$=\cos\theta_1\cos\theta_2+\sin\theta_1\sin\theta_2$$

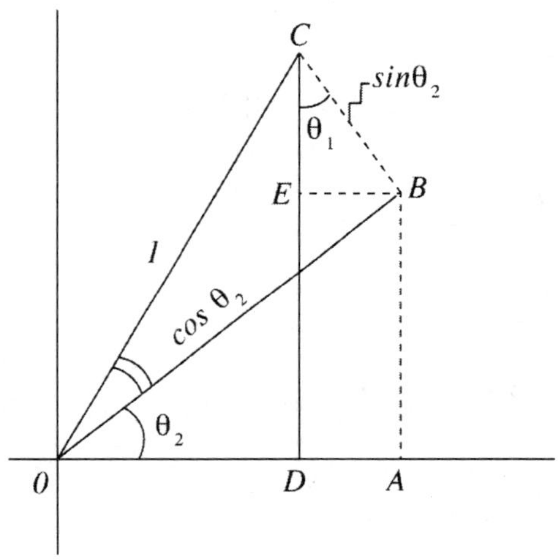

그림 1

$\theta_1-\theta_2$는 윗식에서 θ_2를 $(-\theta_2)$라 놓아서 얻고, 부록 3의 **그림 2**에서 $\sin(-\theta_2)=-\sin\theta_2, \cos\theta_2$이기 때문에

$$\sin(\theta_1\pm\theta_2)=\sin\theta_1\cos\theta_2\pm\cos\theta_1\sin\theta_2 \tag{1}$$
$$\cos(\theta_1\pm\theta_2)=\cos\theta_1\cos\theta_2\mp\sin\theta_1\sin\theta_2$$

(1)식에서 $\theta_1=\theta_2=\theta$라 놓아

$$\sin2\theta=2\sin\theta\cos\theta \tag{2}$$
$$\cos2\theta=\cos^2\theta-\sin^2\theta=2\cos^2\theta-1=1-2\sin^2\theta$$

(2)식의 제2식을 바꾸어 놓으면

$$\cos^2\theta=(1+\cos2\theta)/2 \tag{3}$$
$$\sin^2\theta=(1-\sin2\theta)/2$$

(1)식에서

$$\sin(\theta_1+\theta_2)+\sin(\theta_1-\theta_2)=2\sin\theta_1\cos\theta_2 \qquad (4)$$
$$\cos(\theta_1+\theta_2)+\cos(\theta_1-\theta_2)=2\cos\theta_1\cos\theta_2$$

$\theta_1+\theta_2=A,\quad \theta_1-\theta_2=B$라 놓으면

$$\sin A+\sin B=2\sin(A+B)/2\cos(A-B)/2 \qquad (5)$$
$$\cos A+\sin B=2\cos(A+B)/2\cos(A-B)/2$$

이다.

부록 5. 편미분계수

그림 1에서 u가 x,t의 함수일 때 (x,t)점에 있어서의 x방향의 변화율을 x에 관한 편미분계수라고 한다.

$$\partial\frac{\delta u}{\delta x}=\lim_{h\to\pm 0}\frac{u(x+h,t)-u(x,t)}{h}(=u_x\text{라고 쓴다}) \qquad (1)$$
$$\frac{\delta u}{\delta t}=\lim_{h\to\pm 0}\frac{u(x,t+k)-u(x,t)}{k}(=u_x\text{라고 쓴다})$$

(1)식이 성립하는 것은 부록1의 경우와 마찬가지로 연속함수에 관한 것이고 함수의 연속성은 그림 1의 곡면 ABCD가 A의 주변으로 미끄러지고, 연속면을 형성하고 있는 것이다.

x,t에 관하여 u가 연속일 때

$$\frac{\delta}{\delta t}\left(\frac{\delta u}{\delta x}\right)=\frac{\delta}{\delta x}\left(\frac{\delta u}{\delta t}\right)=\frac{\delta^2 u}{\delta x\delta t} \qquad (2)$$

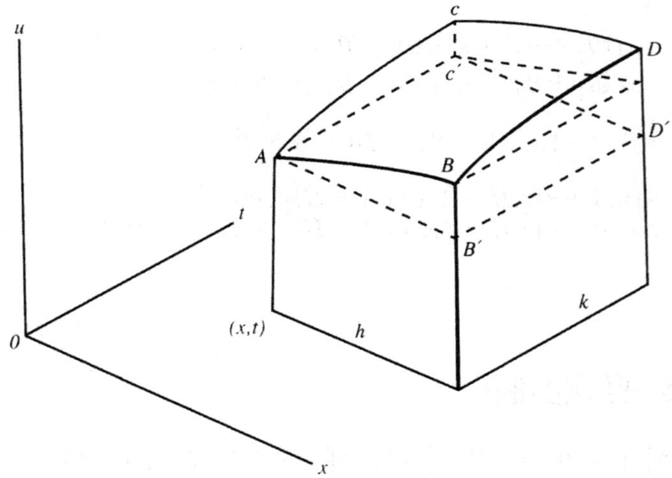

그림 1

이고, 미분순서를 바꾸어도 같다.

그림 1에서 t 또는 x를 일정하게 했을 때 증분 BB', CC'를 각각 편미분이라 부르고 그의 합 DD'를 u의 전미분이라 한다. 즉

$$du = \frac{\delta u}{\delta x}dx + \frac{\delta u}{\delta t}dt \tag{3}$$

부록 6. 지수함수, 대수함수, 쌍곡선함수

$$a^m \cdot a^n = a^{m+n},\ a^m / a^n = a^{m-n},\ (a^m)^n = a^{mn},\ a^0 = 1 \tag{1}$$

등의 함수는 m,n이 정수로서 무한한 임의의 수인 때도 성립 한다. 연속하는 변수 x에 대해

$$y = a^x \tag{2}$$

를 지수함수라 하고 a를 밑이라고 한다. (2)식의 역함수 $x = a^y$을, y에 관해 쓰면

$$y = \log_a x \tag{3}$$

라 하고 대수함수라고 한다.

(1)식에 대입하여

$$x_1x_2 = a^{y_1} \cdot a^{y_2} = a^{y_1+y_2} \tag{4}$$

$$\therefore \log_a(x_1x_2) = y_1 + y_2 = \log_a x_1 + \log_a x_2$$

마찬가지로

$$\log_a(x_1/x_2) = \log_a x_1 - \log_a x_2$$

$$\log_a x_1^{x_2} = x_2 \log_a x_1$$

$$\log_a 1 = 0, \log_a a = 1$$

등이 성립한다.

지수함수, 대수함수의 미분을 생각해 보면 (3)식의 미분은 부록 1의 (2)식에서

$$\frac{dy}{dx} = \frac{\log_a(x+dx) - \log_a x}{dx} = \frac{1}{dx}\log_a(1+\frac{dx}{x})$$

여기서 $dx/x = dt$라고 하면

$$\frac{dy}{dx} = \frac{1}{xdt}\log_a(1+dt) = \frac{1}{x}\log_a(1+dt)^{1/dt}$$

$(1+dt)^{1/dt}$은 1에 무한히 가까운 양의 무한대승이지만, 이것은 유한한 값을 취하는 것으로 알려지고 있고 이 값을 $e(2.71828\cdots\cdots)$로 쓴다. 이를 자연대수의 밑수라고 한다. 따라서 $y = \log_a x$의 미분은

$$\frac{dy}{dx} = \frac{1}{x}\log_a e \tag{5}$$

이다. 만약 밑수 a를 e로 하면 $\log_e e = 1$이기 때문에 간단히 된다. $\log_e x$를 $\ln x$라고 쓰고 이것을 자연대수라고 한다. 이론식으로는 모두 자연대수를 이용한다. (5)식은

$$y = \ln x, \ \frac{dy}{dx} = \frac{1}{x} \tag{6}$$

지수함수 e를 밑수로서

$$y = e^x, \ (x = \ln y) \tag{7}$$

$$\frac{dy}{dx} = \frac{1}{dx/dy} = \frac{1}{1/y} = y = e^x$$

즉 e^x는 미분해도 e^x로 변하지 않는다. 이 성질은 아주 종요하고 미분방정식 해의 기본형으로 자주 쓰인다. 밑수가 a인 경우에는

$$y = a^x \, (= e^{x \ln a})$$

부록1, (6)식의 제 7 식에서

$$\frac{dy}{dx} = e^{x \ln a} \ln a \tag{8}$$

적분은 (6), (7) 역연산이고

$$\int \frac{dy}{x} = \ln|x| + C \tag{9}$$

$$\int e^x dx = e^x + C$$

$$(e^x - e^{-x})/2 = \sinh x \text{(하이퍼브릭 사인)} \tag{10}$$

$$(e^x + e^{-x})/2 = \cosh x \text{(하이퍼브릭 코사인)}$$

$$\frac{(e^x - e^{-x})}{(e^x + e^{-x})} = \frac{\sinh x}{\cosh x} = \tanh x \text{(하이퍼브릭탄젠트)}$$

지수함수 e^x를 이용하여 다음의 함수를 쌍곡선 함수라 부르고 그 성질이 삼각함수와 비슷하기 때문에 부록 3의 (1)식에 준하여 다음과 같이 정의한다.

$$\coth x = \frac{1}{\tanh x}, \ \text{sech} x = \frac{1}{\cosh x}, \ \text{cosech} x = \frac{1}{\sinh x}$$
$$\sinh 0 = 0, \ \cosh 0 = 1, \ \tanh 0 = 0$$

그렇게 하면 부록 3 의 (2)식에서 대응하여

$$\cosh^2 x - \sinh^2 = 1$$

$$1 - \tanh^2 x = \text{sech}^2 x \tag{11}$$

$$\coth^2 x - 1 = \text{cosech}^2$$

가 얻어진다. 또 (10)식의 미분은 각각

$$(\sinh x)' = \cosh x, \ (\cosh x)' = \sinh_x \tag{12}$$

$$(\tanh x)' = \text{sech}^2 x$$

등이 얻어진다.

부록 7. 미분방정식

y가 독립변수 x의 함수일 때

$$F\left(x,\, y,\, \frac{dy}{dx},\, \frac{d^2y}{dx^2} \cdots \frac{d^ny}{dx^n}\right) = 0 \tag{1}$$

을 n계의 상미분방정식이라 한다. 이 함수를 만족하는 함수

$$y = f(x)$$

를 미분방정식의 해 또는 적분이라 한다. n계 미분방정식을 풀면 n회의 적분이 필요하고 n개의 적분상수가 생긴다. 임의로 선택해서 얻는 상수를 포함한 해

$$y = f(x,\, C_1,\, C_2,\, \cdots,\, C_n) \tag{2}$$

을 일반해라고 한다. 임의 상수를 특정의 조건으로 정한 해를 특해라 한다. 특해를 얻기 위한 조건은 물리적으로는 그해를 만족하는 공간조건과 어떤 시각의 상태 등에서 정해지고 전자를 경계조건 후자를 초기조건이라 한다. 그래서 (1.63)식의 해를 풀어보면

$$f''(z) - k^2 f(z) = 0$$

(1.63)해의 형을 $f(z) = e^{\alpha z}$, 단 α는 미지의 상수라 놓으면

$$f'(z) = \alpha e^{\alpha z}$$

$$f''(z) = \alpha^2 e^{\alpha z}$$

(1.63)식은 $e^{\alpha z}(\alpha^2 - k^2) = 0,\ e^{\alpha z} \neq 0$이기 때문에

$$\alpha^2 - k^2 = 0 \qquad\qquad \therefore \alpha = \pm k$$

따라서 (1.63)식의 해는

$$f(z) = C_1 e^{kz} = C_2 e^{-kz}$$

이 된다. 선형미분방정식(종속변수 $y = f(z)$ 및 그 미분 $y', y'', y''', \cdots\cdots$에 대해 2차 이상의 항을 포함하지 않는 미분방정식)에

서는 e^{kz}, e^{-kz}이 답이 되면 그 합도 또 해가 된다.

선형미분방정식

일반적으로

$$y^{(n)}+k_1y^{(n-1)}+k_2y^{(n-2)}+\cdots+k_{n-1}y'+k_ny=A \tag{3}$$

여기서

$$y^{(n)}=\frac{d^ny}{dx^n},\ k_1,\ k_2\ \cdots\cdots=\text{상수}$$

이 해는 우선 우변 $A=0$이라고 놓은 방정식(특정방정식이라 한다)

$$y^{(n)}+k_1y^{(n-1)}+k_2y^{(n-2)}+\cdots\cdots+k_{n-1}y'+k_ny=0 \tag{4}$$

을 푼다. $y=e^{\alpha x}$라 놓으면 (4)식은

$$\alpha^n+k_1\alpha^{n-1}+k_2\alpha^{n-2}\ \cdots\cdots+k_{n-1}\alpha+k_n=0 \tag{5}$$

인 n차 방정식이 된다. 이 근은 $\lambda_1\lambda_2\cdots\lambda_n$이라 하면 (4)식의 해 y_c는

$$y_c=C_1e^{\lambda_1x}+C_2e^{\lambda_2x}+\cdots\cdots+C_ne^{\lambda_nx}$$

이다. $C_1, C_2, \cdots, C_n$은 적분상수이다. 더구나 (5)식의 n차 방정식이 중근을 가진 경우, 예를 들면 $\lambda_1=\lambda_2=\lambda_3$이면 y_c는 (6)식과 같이 된다.

$$y_c=(C_1+C_2x+C_3x^2)e^{\lambda_1x}+C_4e^{\lambda_4x}+\cdots\cdots+C_ne^{\lambda_nx} \tag{6}$$

그래서 (3)식의 해 y는 β를 미지수로서

$$y=y_c+\beta$$

라 놓은 (3)식에 대입하면

$$y_c^{(n)}+k_1y_c^{(n-1)}+\cdots\cdots+k_ny'_c+k_n(y_c+\beta)=A$$

y_c는 (4)식의 해이기 때문에, 윗식의 좌변은 $k_n\beta$를 제외하고 0이다. 따라서

$$k_n\beta=A,\quad \therefore \beta=A/k_n$$

따라서 (3)식의 해 y는

$$y = y_c + \frac{A}{k_n} \tag{7}$$

이다.

A가 u의 함수인 경우에도 일반적으로 해가 있다.

부록 8. 함수의 전개

함수 $y = f(x)$가 모든 급수로 전개할 수 있다고 하자. 이것을

$$f(x) = a_0 + a_1 x + a_2 x^2 + a_3 x^3 + a_4 x^4 + \cdots\cdots \tag{1}$$

으로 전개할 수 있다고 한다. 계수 $a_0, a_1, \cdots\cdots, a_n$을 구해 보자. x로 순차미분하여

$$\begin{aligned} f'(x) &= a_1 + 2a_2 x + 3a_3 x^2 + 4a_4 x^3 + \cdots\cdots \\ f''(x) &= 2\cdot 1a_2 + 3\cdot 2a_3 x + 4\cdot 3a_4 x^2 + \cdots\cdots \\ f'''(x) &= 3\cdot 2\cdot 1a_3 + 4\cdot 3\cdot 2a_4 x + \cdots\cdots \end{aligned} \tag{2}$$

(1), (2)식에서 $x = 0$으로 놓으면

$$\begin{aligned} f(0) &= a_0 & \therefore a_0 &= f(0) \\ f'(0) &= a_1 & a_1 &= f'(0) \\ f''(0) &= 2\cdot 1a_2 & a_2 &= f''(0)/2! \\ f'''(0) &= 3\cdot 2\cdot 1a_3 & a_3 &= f'''(0)/3! \end{aligned} \tag{3}$$

따라서 (1)식은

$$f(x) = f(0) + \frac{x}{1!}f'(0) + \frac{x^2}{2!}f''(0) + \frac{x^3}{3!}f'''(0) + \cdots\cdots \tag{4}$$

(4)식을 Maclaurin의 급수라 부르고 Taylor급수의 특별한 경우이다. (4)식은 무한급수이지만 항수의 증가에 따라 항의 값이 0에 수렴하는 경우에만 이 급수는 적용된다. 즉

$$\lim_{n \to \infty} f^{(n)}(0) = 0 \tag{5}$$

이 아니면 안된다. (4)식을 이용한 예를 설명하면

$$
\begin{aligned}
e^x &= 1+\frac{x}{1!}+\frac{x^2}{2!}+\frac{x^3}{3!}+\frac{x^3}{4!}+\cdots\cdots \\
\cos x &= 1-\frac{x^2}{2!}+\frac{x^4}{4!}-\frac{x^6}{6!}+\cdots\cdots \\
\sin x &= \frac{x}{1!}-\frac{x^3}{3!}+\frac{x^5}{5!}-\frac{x^7}{7!}+\cdots\cdots \qquad (6) \\
\cosh x &= 1+\frac{x^2}{2!}+\frac{x^4}{4!}+\frac{x^6}{6!}+\cdots\cdots \\
\sinh x &= \frac{x}{1!}+\frac{x^3}{3!}+\frac{x^5}{5!}+\frac{x^7}{7!}+\cdots\cdots
\end{aligned}
$$

부록 6의 e의 값은 (6)식의 제 1 식에서 $x=1$이라고 놓아서 얻을 수 있다. (6)식에서 $i^2=-1$을 고려하여 ($i=\sqrt{-1}$; 허수단위)

$$
\begin{aligned}
e^{ix} &= \left(1-\frac{x^2}{2!}+\frac{x^4}{4!}-\cdots\cdots\right)+i\left(\frac{x}{1!}-\frac{x^3}{3!}+\frac{x^5}{5!}-\cdots\cdots\right) \\
&= \cos x + i\sin x \qquad (7)
\end{aligned}
$$

마찬가지로

$$e^{-ix}=\cos x - i\sin x \qquad (8)$$

(7), (8)식에서

$$\cos x=\frac{e^{ix}+e^{-ix}}{2},\quad \sin x=\frac{e^{ix}-e^{-ix}}{2i} \qquad (9)$$

등이 얻어진다.

부록 9. Γ(감마)함수

$$
\begin{aligned}
&\Gamma(z)=\int_0^\infty e^{-t}t^{z-1}dt \\
&z=x+iy \qquad (1) \\
&x>0
\end{aligned}
$$

(1)식으로 정의된 $\Gamma(z)$를 감마함수라고 한다. z는 실수부와 허수부로 되어 있으며 이것을 복소수라고 한다. 물론 z가 실수$(y=0)$이여도 좋다.

부록 2에서 (12)식의 제 3 식을 (1)에 이용하여

$(u'=t^{z-1},\ v=e^{-t}$이라 생각하면

$$u=t^z/z,\ v'=-e^{-t})$$

$$\left[\frac{t^z}{z}\cdot e^{-t}\right]_0^\infty=\int_0^\infty -\frac{t^z}{z}e^{-t}dt+\int_0^\infty e^{-t}t^{z-1}dt$$

$$\therefore \int_0^\infty e^{-t}t^z dt=z\int_0^\infty e^{-t}t^{z-1}dt$$

즉 $$\Gamma(z+1)=z\Gamma(z) \qquad (2)$$
$$\Gamma(1)=1$$

(2)식에서 $$\Gamma(n+1)=n! \quad n=1\cdot 2\cdot 3\cdots\cdots \qquad (3)$$

이 얻어지고, 또

$$\Gamma\left(\frac{1}{2}\right)=\sqrt{\pi},\ \Gamma\left(\frac{3}{2}\right)=\frac{1}{2}\sqrt{\pi},\ \Gamma\left(\frac{5}{2}\right)=\frac{1\cdot 3}{2^2}\sqrt{\pi} \qquad (4)$$
$$\Gamma\left(\frac{7}{2}\right)=\frac{1\cdot 3\cdot 5}{2^3}\sqrt{\pi},\ \cdots\cdots$$

이 유도된다. 이것을 응용해서

$$\int_0^{\pi/2}\sin^p\theta\cos^q\theta d\theta=\frac{1}{2}\frac{\Gamma\left(\frac{p+1}{2}\right)\Gamma\left(\frac{q+1}{2}\right)}{\Gamma\left(\frac{p+q}{2}+1\right)} \qquad (5)$$

그 외에 베셀함수와 관련하여 널리 이용되고 있다.

부록 10. 뉴톤(Newton)의 점근법

방정식 $f(t)=0$의 점근해를 구한다. 부록 1 의 (2)식은

$$\frac{f(t+dt)-f(t)}{dt}=f'(t)$$

이고, dt는 무한소 증분이지만 이 식은 상당히 작은 증분 h에 대하여도 근사적으로 성립하기 때문에 dt를 h라 쓰고

$$f(t+h)=f(t)+hf'(t) \tag{1}$$

곧, $f(t)=0$의 제 1 근사값을 t_1으로 하고, 보다 정도가 높은 제 2 근사값 t_2를 t_1+h라고 하면 이것은

$$f(t_1+h)=0$$

을 t_1보다 만족하기 때문에 (1)식에서

$$h=-\frac{f(t_1)}{f'(t_1)}$$

이고, 따라서

$$t_2=t_1+h=t_1-\frac{f(t_1)}{f'(t_1)}$$

이 된다. 이것을 순차 반복하여

$$t_{r+1}=t_r-\frac{f(t_r)}{f'(t_r)}$$

$t_{r+1}-t_r \le E$(E는허용오차)를 필요한 정도까지 수렴시킬 수 있다.

찾아보기